NO.52

Hand Made 巧手易

拼布人的针线故事

河南科学技术出版社
·郑州·

Hand Made 巧手易

NO.52
CONTENTS

拼 布 人 的 针 线 故 事

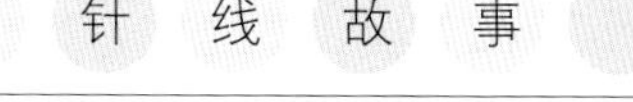

封面作品作者 / 林彦君老师
封面摄影 / 郭璞真、曾奕睿
封面设计 / 陈启予
文字 / 黄璟安

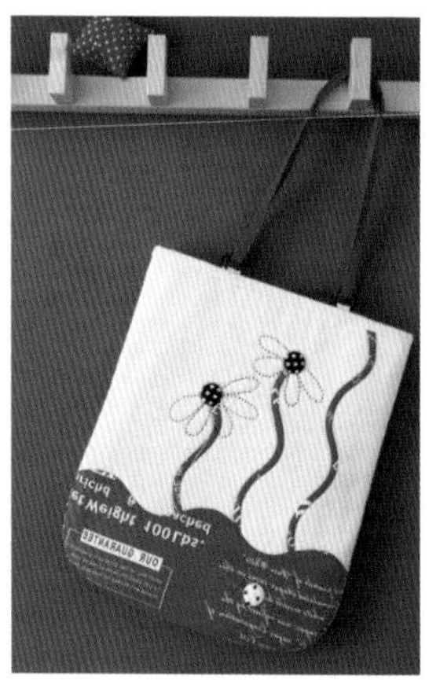

董事长暨发行人 吕世文

财务总监 谢丽闵

执行副总／财务总监 Anita Yang

社务顾问

吕永元、林浩正、余万停

编辑部

编辑长 Magi Hsu

编辑 黄璟安

特约编辑 詹宏人

Hand Made NO.52 Quilter List

特别感谢本期协助制作

布里红共学社
P.6

http://artalk.pixnet.net/blog

2012龙年吉祥物单元作者群。简化设计的尝试，在制图时力求最简单的线条，只有龙的造型采用龙呆的概念，设计成比较可爱的样子，希望大家喜欢。

七彩鸟拼布学园
石碧霞老师
TEL:0935-872578
http://www.wretch.cc/blog/peggyph

P.10

喜欢拼布的布玩家，用一颗温柔的心享受拼布所带来的宁静感。

巧帛拼布教室
李淑华老师
TEL:07-6192936
http://tw.myblog.yahoo.com/chaber398

P.14

日本通信社拼布、缎带绣讲师，日本余暇协会机缝讲师，巧帛拼布教室负责人。以针线代替画笔，用碎布替换颜料，用针情线艺分享手作乐趣。

林彦君老师
TEL:02-89524130

P.18

◆本期封面作品作者◆

1996年日本通信社讲师，拼布资历16年以上。曾于《巧手易》连载人气单元“编织好好玩”、“拼布VS家饰”，研究各式拼布编织技法，受到许多读者的喜爱。

布之恋拼布
施佩欣老师
TEL: 02-22495468
http://tw.myblog.yahoo.com/peihsinshih/

P.22

因为喜爱拼布，所以我的生活多姿多彩，也希望让更多人感受学习拼布手作的快乐，一起和布好好谈场恋爱吧!

小布点拼布艺术
郭铃音老师
TEL:02-29170190
http://tw.myblog.yahoo.com/petite-bonbon
Facebook: Little Quilt point
(小布点生活手作)

P.27

为实现拼布梦，日本文部省通信讲师班毕业后成立工作室，希望借拼布教学认识更多同好。第一次在《巧手易》发表个人喜爱的羊毛毡技巧搭配拼布作品，希望读者会喜欢。

小野布房
魏廷伃老师&简雪丽老师
TEL: 02-27722007
http://tw.myblog.yahoo.com/onoya_3514/

P.29

有个像家一样的工作室，通过创作分享对生活的真实感受、对幸福和美好的追求。这里有音乐、咖啡招待我们的朋友，亲手种植的花草有蓬勃旺盛的生命力。用心，用创作，用双手记录着真实生活中的点点滴滴。

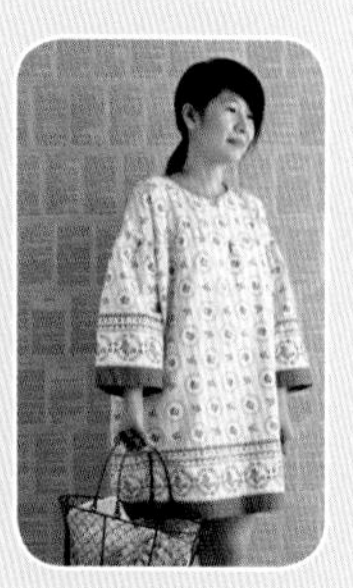

木棉花拼布艺术
李琼惠老师
TEL:03-5342097

P.31

1996年成立木棉花拼布艺术工作室，日本通信社第三届讲师，从事拼布、儿童美术教育19年。

一布一脚印的拼拼凑凑
黛西老师
http://tw.myblog.yahoo.com/quilter-daisy/

P.33

自2007年接触手作布偶后完全爱上布艺，也让自己成为动不停的拼布人，不断尝试与学习，从中获得精神上的满足与踏实，愿用一布一脚印的拼凑努力完成梦想!

潘妮拼布
潘妤莹老师
TEL:04-2333-5690
http://tw.myblog.yahoo.com/penny227320/

P.36

做拼布至今近6年，心想我总是跟随教室里妈妈们想要的去做，流行什么就如法炮制，没有属于自己想要发展的领域。现在利用过去所学的POP来进行拼布上的改变，利用自己爱幻想的心思，创作爱幻想的多妮。

Su玲满手创
苏玲满老师
http://tw.myblog.yahoo.com/nienandsu-beartwo/

P.38

人气图案“厨娃”“阿粘熊”原创设计者。手作，让人有颗暖暖的心，幸福的拼图一针一线慢慢缝制，就是爱手作!著有畅销书《好可爱拼布——厨娃、阿粘熊、粘粘兔》，现正好评热卖中。

布伊坊
映衣老师
P.40 & P.82
TEL:0988-630256
http://tw.myblog.yahoo.com/sewinghouse-youi

日本文化女子大学服装社会学研究所毕业，研究拼布与社会的关系，日本手艺普及协会指导员资格，现在师从拼布作家小关铃子。用拼布也可以拼出自己的人生色彩。

八色屋拼布 ♥ 彩绘
陈慧如老师
P.42
TEL:02-22916767
http://www.e-colors.idv.tw

1997年成立八色屋拼布木器彩绘教室，喜爱拼布手作，为了一圆爱涂鸦的梦，1998年又一头栽进了彩绘世界。个人第一本拼布创作书《布可能！拼布、彩绘、刺绣在一起！》人气好评热卖中。

Ann
P.54

自由作家。《巧手易》杂志专栏作者，喜欢设计、制作专给儿童使用的可爱拼布小物，连载持续中。

Kat's quilt garden
阿Kat老师
P.56
TEL:03-4923937
http://www.wretch.cc/blog/quilterkat

喜欢玩布块拼接与配色游戏，特别钟爱30年代复刻版布与小关铃子风格，深信拼布会带来令人愉悦的心情，让生活更温暖美好，让自己永远年轻喔!

日本户塚刺绣台北支部
P.64
http://totsuka1.blogspot.com/
福本晓代老师fukumeto@gmail.com

我试着在古布上绣了秋天的景色，这次介绍其中的一种。依叶子的形状，在周围用锁链绣装饰，加上绳子即成为壁饰；或在素色的托特包上用纽扣绣缝上也可以。请试试运用各式各样的绣法。

陈莉雯老师
P.68
gretachern@gmail.com

自由作家。"I LOVE HOBBYRA HOBBYRE"连载作家，喜欢布的舒服质感，创作出自己最爱的手作风布作。

幸运草机缝拼布
陈玉金老师
P.70
TEL:0937-811690

幸运草机缝拼布教室负责人，擅长使用各式素材、工具搭配拼布作品，《巧手易》杂志人气专栏作者。

Seike Nagisa
清家渚老师
P.78
http://ks0901.exblog.jp

国中时开始喜欢手作，沉浸于编织(毛线、蕾丝线)、刺绣(瑞典、阿富汗风格)、染色(型绘染、手绘印花布)等的手作乐趣中。开始照顾生病的公婆后，虽然属于自己的时间越来越少，但还是想做些什么，于是开始利用琐碎的时间做拼布。
拼布资历超过30年。

乔敏拼布工作室
闻其珍老师
P.80
TEL:08-7373984
http://tw.myblog.yahoo.com/qiao-min

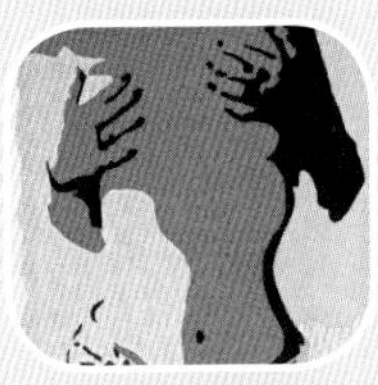

- 东方设计学院
- 日本通信社拼布讲师结业
- 日本余暇协会机缝指导员结业
- 日本小苍缎带绣讲师结业
- 2002年7月20日至8月4日于屏东县文化中心展出
- 2006年12月7日至12月20日于屏东县文化中心展出
- 2009年韩国首尔SIQF拼布邀请展
- 2010年韩国首尔SIQF拼布邀请展
- 2010年作品《微风小径》获美国休斯敦IQA拼布入选展出
- 2011年韩国Corea Quilt Associate拼布邀请展
- 2011年大陆深圳文博会国际拼布邀请展

熊手作
陈节老师
P.86
amy95251620@yahoo.com.tw

日本Patchwork通信社第一届毕业，1990年成立熊手作拼布教室，1993年曾获日本清里拼布周'93拼布部门赏，1994年作品《兔子的梦》于第二回日本Patchwork交流获第一名赏，1998年作品《青春舞曲》于台湾省工研究所第六届征件入选，2000年获邀于诚品书店举办"私房拼缀"师生创作联展，2010年迄今为隆德贸易有限公司美术顾问。

Miss Su拼布学园
苏惠芬老师
P.90
TEL:04-23017492

日本手艺普及协会第一届拼布讲师暨指导员，现为Miss Su拼布学园负责人。曾于《巧手易》杂志连载"布的手绣之美"单元。

龙呆家族的拼布聚会（第五回）

一起来喝下午茶

拣一个凉凉的午后，沏一壶热茶和好朋友分享，
就是我们独有的谈心时光。把可爱的龙呆午茶拼布拿出来献宝吧！

龙呆茶壶套&刺绣生肖小杯垫

完成尺寸：约27cm×27cm（龙呆茶壶套）
作品尺寸：约11cm×9cm（刺绣生肖小杯垫）
茶壶套制作方法请参考P.52、53 ■内附茶壶套原尺寸图

作品设计、制作、做法提供／布里红拼布社 摄影／C.CH 文字／黄璟安 美术设计／陈启予

龙呆舞台·小壁饰

每一种才艺，都需要时日养成，

每一个龙呆，都有自己的舞台。

对做拼布的人来说，

小小工作室就是我们的魔术箱。

作品尺寸：约40cm×40cm

Tilda ▶ 热卖图书

布艺样的家
节日家居布艺
35种风靡欧洲的、充满情趣的布艺作品，让家中充满节日的气氛和欢乐！
Tilda

布艺样的家
快乐动物布艺
30款创意独特、生动可爱的手缝居家布偶
Tilda

布艺样的家
温情家居布艺
Tilda

布艺样的家
温馨家居布艺
Sew Pretty Homestyle
风靡欧洲 · 最畅销的时尚家居布艺
Tilda

布艺样的家
阳光家园布艺
Tilda

拼布生活提案

书房

对大部分的人而言，
书房的存在意义，
是给自己一个静谧的空间，
去追寻脑子里那些狂想。
拼布的灵感，
常常不都是从别人的故事里借来的吗？
森林里的糖果屋，
可以用拼接表现。
躲在时钟里的小羊，
可以用贴布缝创作。
随波逐流的美人鱼，
她的身形是自由曲线。
喜爱读书的人都明白，
小时候读书大多是为了别人，
长大以后读书才是为自己。
能够把书本内容灵活运用，
才算得上是融会贯通。
也许我们的拼布生活，
本就是一部没有极限的创意书；
亲爱的手作人，
请用针线尽情地继续写下去吧！

文字／黄璟安

石碧霞老师的
童话森林书房

作品设计、制作、提供／石碧霞老师　摄影／郭璞真、曾奕睿
编辑／黄璟安　美术设计／陈启予

故事设计 文／AN.MILK

小时候，妈妈常在床边念着故事书，陪我进入甜甜的梦乡，所以儿时的梦里，总是热闹非凡。

“红色披风的小女孩，提着装满新采摘的鲜花提篮，在森林里遇到了大灰狼……”

“哥本哈根的美人鱼，因为想要一双美丽的脚，所以用歌声和巫婆交换……”

“快乐的王子，在广场上把他镶着宝石的双眼分送给贫穷的人们……”

长大以后，我们开始明白，童话固然梦幻，但其中也许或多或少有一些睿智的人生哲学。

小红帽可能没有想象中那么软弱，现实生活中，她可能在回家路上多次击退过大灰狼；美人鱼用美妙歌声交换了一双脚，或许只是因为她想买一双梦寐以求的限量版高跟鞋；快乐王子其实并不快乐，有些名字就像标签，是别人贴的，他也许只想过简单一点的平凡生活……

虽然如此，现在的我还是会为小朋友们说故事，至于那些童话没有说的“从此以后”，就让他们在成长的过程里自己找答案吧！

完成尺寸：书挡套　约 14cm × 19cm
置物盒　约 18cm × 18cm
作品尺寸：笔盒　约 22cm × 8cm

书挡套 | 制作方法请参考 P54、55
内附原尺寸图

作品欣赏

笔盒

设·计·概·念

以“花篮”图形贯穿作品的设计主题，用清新的鲜绿色系布料表现童话印象里的森林元素，鲜明展现出设计者的时尚敏锐度，也让传统拼布图形有了全新的面貌。

童话森林 置物盒

童话里的森林，
住着树的精灵；
我的拼布置物盒，
盛装着想象力。

置物盒

HOW TO MAKE

做法绘图 / 林巧佳

★内附原尺寸图

材料

表布 3 色各 15cm

里布、双胶铺棉各 15cm

奇异衬 15cm × 15cm

1. 提手布背面烫上奇异衬，再烫黏到底布上，以缝纫机曲线花样车缝，共做 8 片。

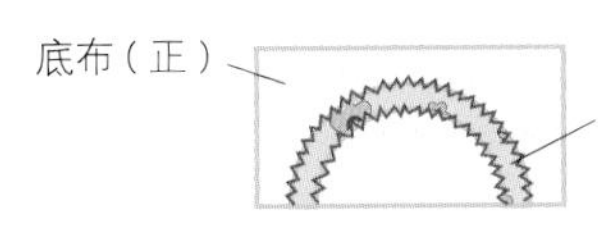

2. 花篮拼缝好共 8 组。

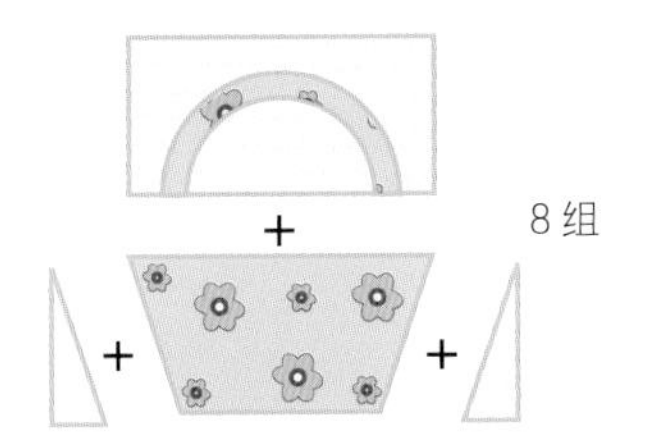

3. 将各布片拼缝成表布（可横向或直向拼接）。

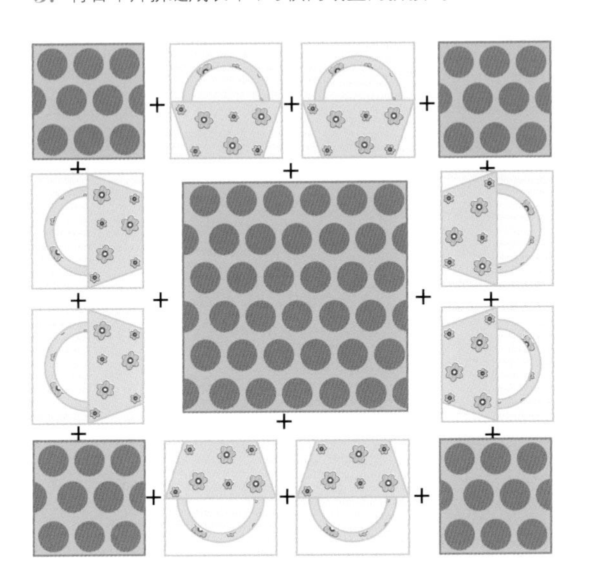

4. 双胶铺棉＋里布＋表布（表里正面相对）三层四周车缝，但留一返口不缝。

双胶铺棉

里布正面

表布（反）

返口

5. 修剪缝份的铺棉至最小，四角的布剪掉。

表布（反）

返口

6. 由返口翻回正面，缝合返口，烫黏布与铺棉，三层落针压缝。

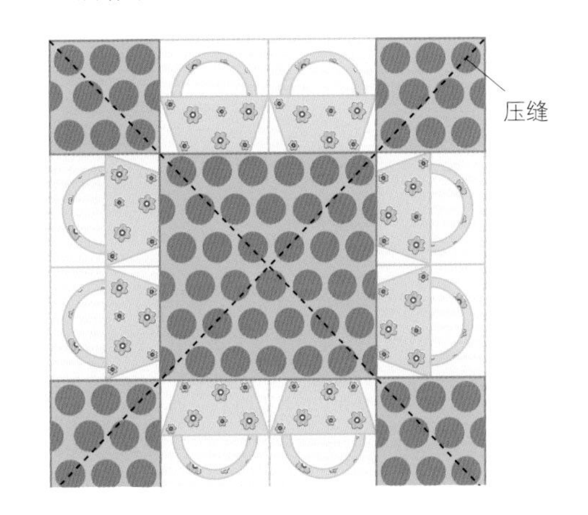

7. 将四角各自对折，车缝。

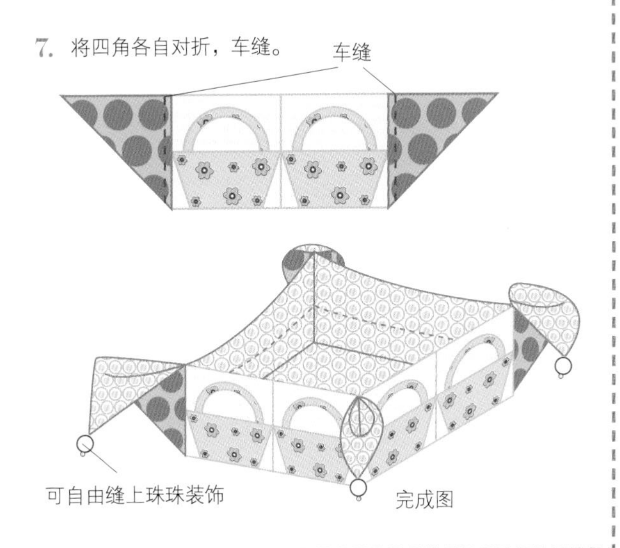

李淑华老师的
女孩香气书房

作品设计、制作、提供／李淑华老师　摄影／郭璞真、曾奕睿
编辑／黄璟安　美术设计／陈启予

作品欣赏

灯罩

故事设计　文／AN.MILK

每一种味道，都是一个故事。

喜欢玫瑰花香的女孩，总幻想着自己能在学校里的楼梯上撞见每天在公交车里遇到的学长，找到一个绝佳机会向他告白。

喜欢面包香味的女孩，回家的时候都会刻意绕路，为了经过巷口烘焙坊，偷偷看一眼那个忙进忙出的年轻法国师傅。

喜欢海洋气味的女孩，在沙滩上捡贝壳，无意间拾到异国游子的瓶中信，纸笺写着形状奇怪的文字。她一直把它放在床头，希望可以梦见瓶子的主人。

由气味萌发的开始，最容易让人着迷。在之后的回忆里，只要闻到类似的香气，就能带我们回到那时因爱而生的美好芬芳。

于是明白，记忆里的每一种味道，都像一本美丽的书，写着自己期待的故事。

完成尺寸：布书套　约 19cm × 26cm
作品尺寸：娃娃香氛袋　约 14cm × 26.5cm
灯罩　约 60cm × 15cm

设.计.概.念

以少女们最爱的草莓图案做主角，衍生出罗曼蒂克的灯罩、洋娃娃造型的香氛袋，还没走进女孩的书房，仿佛就能闻到一股甜蜜又满怀憧憬的恋香。

作品欣赏

娃娃香氛袋

女孩香气
布书套

女孩的书房，
满室玫瑰甜美馨香；
CD 柜放送的爵士钢琴乐，
透露出主人最爱的优雅情调。

布书套
HOW TO MAKE

做法绘图 / 韩欣恬
★内附原尺寸图

材料
棉布 4 色各 15cm
里布 30cm
蕾丝各 30cm
薄铺棉 30cm×70cm

做法

1. 表布拼接与尺寸见下图，依图示 A、B、C、D 顺序拼接，取薄铺棉放在布反面再车缝上装饰蕾丝。

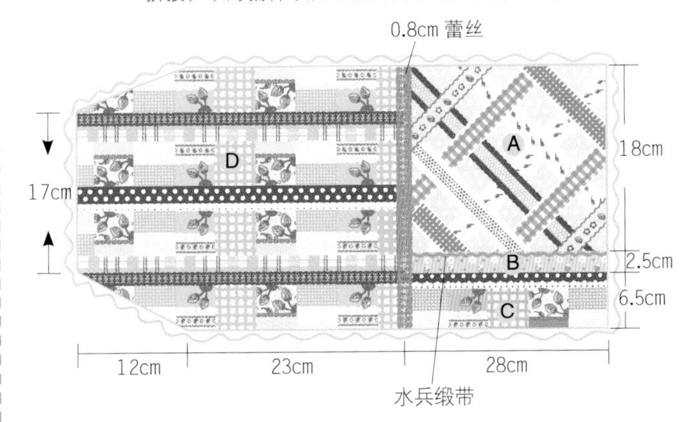

2. 里布和表布在 a 处车缝固定并修掉薄铺棉缝份。

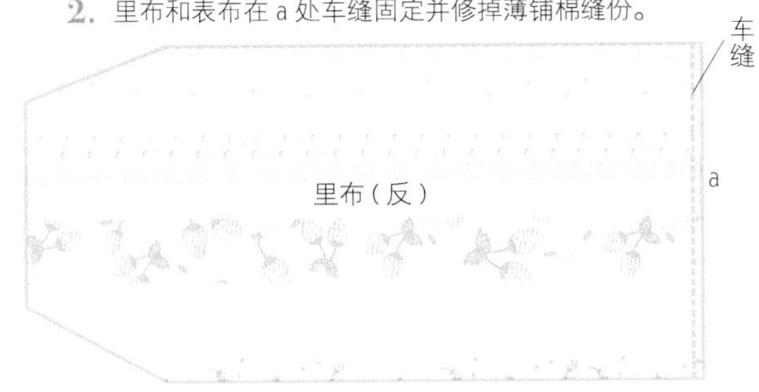

3. 将 a 往内折 10cm，再车缝两边。

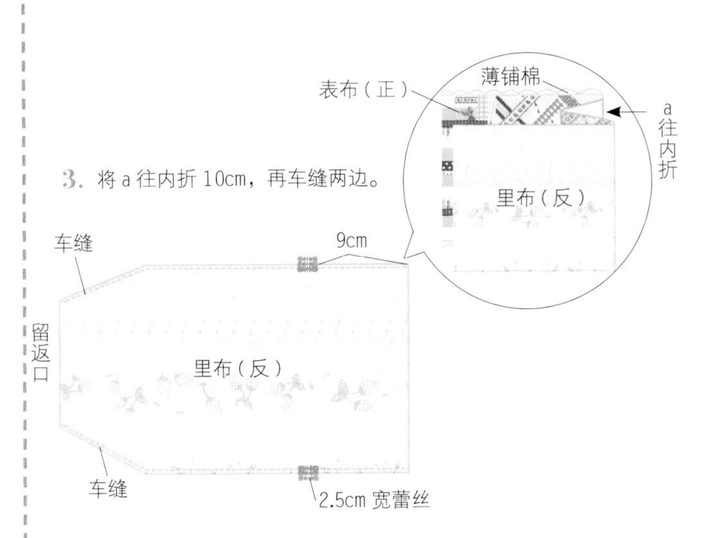

4. 修掉薄铺棉缝份，翻回正面，再将返口缝合，并于正面车缝约 0.3cm，即完成布书套。
◎做法是布书套基本做法，尺寸请依自己书本为准。
◎书本尺寸不一，布书套的尺寸计算方法：
书宽＋3cm＋内折部分、书长＋3cm
（含缝份 1.5 cm）。

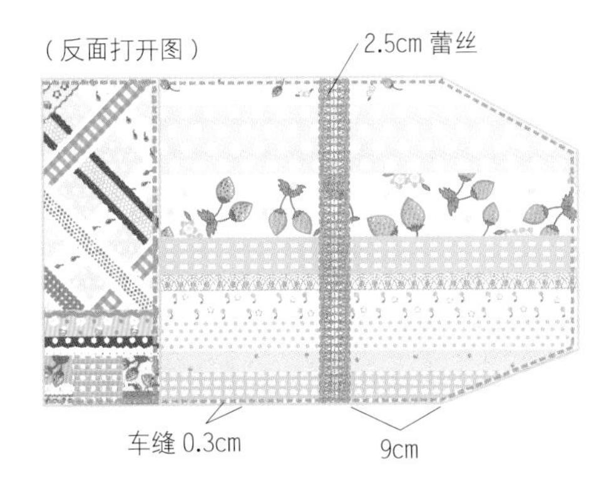

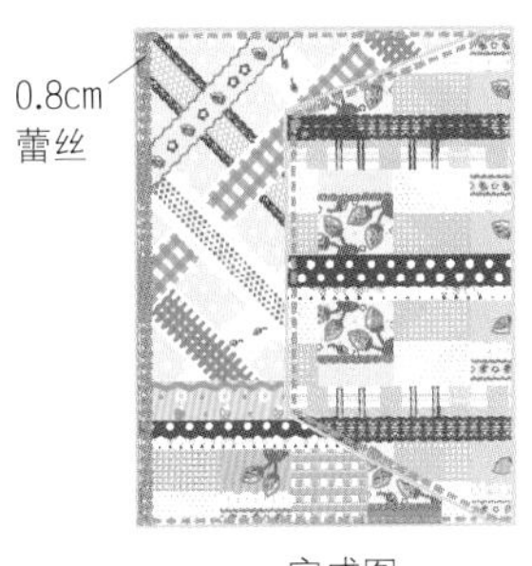

完成图

林彦君老师的
幸福编织书房

作品设计、制作、提供 / 林彦君老师　摄影 / 郭璞真、曾奕睿　编辑 / 黄璟安　美术设计 / 陈启予

故事设计 文／AN.MILK

男孩的兴趣是和书本为伍，他可以成天坐在书桌前，和松浦弥太郎聊着生活里的每一件小事，乐此不疲。

女孩的兴趣是和漫画相伴，她喜欢窝在书店的一角，泡上整个星期天下午，只为了看她最爱作者的经典漫画大结局，哭点很低。

拥有相同兴趣的两个人，终于在一个下着倾盆大雨的午后于书店门口的转角碰上了。没有带伞的他们，只能把时间耗在这陌生的城市回廊，并肩等着那一场雨停下。

“真巧，这本书我也有。”明朗的女孩打破沉默。

“你好像常常在书店里看漫画？”害羞的男孩努力挤出这么一句。

然而雨势渐大，两人的对话也被雨声渐渐淹没，他们只是静静地拿出自己的书，假装翻着，掩饰那忸怩的小尴尬。

“下次，这两个人还会在这里遇见吧？”识相的雨，故意不停，微笑着默默在心里想着。

完成尺寸：	桌上型编织笔盒	20cm×10cm×5.5cm
	杂志架装饰套	35cm×27cm
作品尺寸：	相框	20cm×25cm

作品欣赏

相框

桌上型编织笔盒

制作方法请参考P.56～58

设·计·概·念

作者将擅长的编织技法加以变化，运用在系列作品中，让作品的特色鲜明地展现于细节之中。成熟的绿搭配渐变彩色，衬上一朵艳红的布花，这些创意巧思令人印象深刻。

我们用浪漫
编织这甜蜜又坚定的小爱情，
就连天气也不能够左右
某些命运的邂逅。

杂志架装饰套
HOW TO MAKE

做法绘图 / 林巧佳
★内附花朵原尺寸图

材料
布衬
铺棉
绿色布
条纹布
蕾丝 4cm × 126cm
包扣（直径 2cm）

※ 以下布条用 18mm 滚边器，对折车两侧（制作方法见 P.56）。

做法

1. 先将绿色布条 4cm×27cm 做成编织用布条共 28 条、4cm×36cm 做成编织用布条共 20 条。浅色布条 4cm×27cm 做成编织用布条共 3 条、4cm×36cm 做成编织用布条共 1 条。

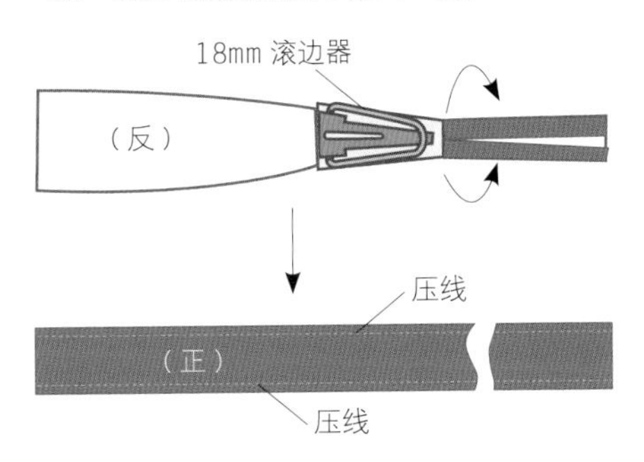

2. 布衬裁 36cm×27cm（含缝份）。
3. 将布条放在布衬上依图编织，用熨斗中温烫上。
4. 中间浅色编织处两侧各车上蕾丝装饰。

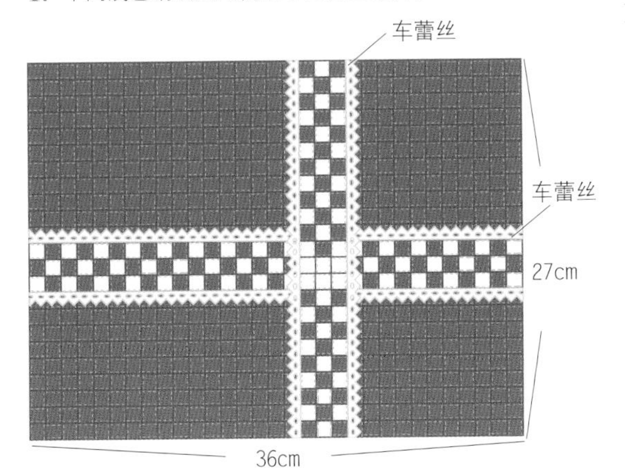

5. 条纹布裁斜纹布 4.5cm×130cm，将步骤 4 加上后背布包边完成。

6. 花瓣依纸型外加缝份共剪 10 片、条纹布剪叶子依纸型外加缝份共剪 10 片、浅色布剪叶子依纸型外加缝份共剪 10 片。
7. 花瓣与叶子各 2 片布的正面相对加上铺棉，缝合一圈并留返口，弧度处需剪牙口。
8. 从返口处翻至正面，藏针缝合返口处，共完成各 5 片。
9. 花瓣外围轮廓绣，其余依尺寸图回针绣、轮廓绣完成。

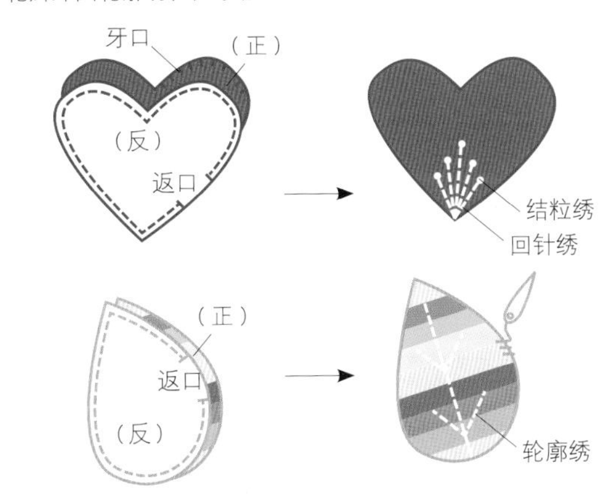

10. 缝上叶子、花瓣，中心处用浅色布包着直径 2cm 包扣，缩缝缝上即完成。

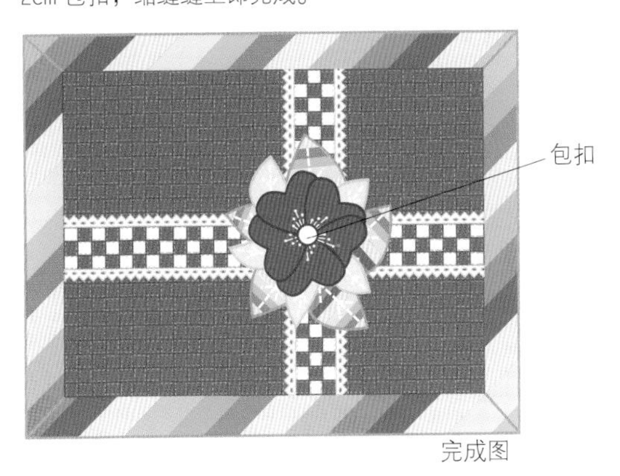

完成图

※ 可依个人需要在背面加上挂耳使用。

施佩欣老师的 蝴蝶结书房

作品设计、制作、提供／施佩欣老师　摄影／郭璞真、曾奕睿
编辑／黄璟安　美术设计／陈启予

故事设计 文 / AN.MILK

物品只要系上蝴蝶结，瞬间就能让我的心情变好。

所以，我打造一个满布蝴蝶结装饰的小小书房，即便只是待在书房里放空自己，也能赶走偶尔来袭的情绪乌云。

人们说的治愈系小物，应该就是指这样的舒缓心情吧！一看到蝴蝶结造型的东西，我就不可自拔地想要买下它们，打包回家。这也难怪公司楼下的速食店外头，只要一推出限定版的 Hello Kitty，就会吸引超多女生疯狂排队。

我想，追星族的心态该是如此。因为可以让自己的心情变好，再累花再多钱抢购一张价格不菲的演唱会门票，其实也不为过。

幸好，我的蝴蝶结小物都是自己做的，由此可证，做拼布不是只会败家买布而已，我们还是很有一套的(我的意思是连蝴蝶结也能做出一整套)!

会做拼布真好!

随身电脑套 | 制作方法请参考P.59～61 内附原尺寸图

作品欣赏

名片盒 & 笔记本套

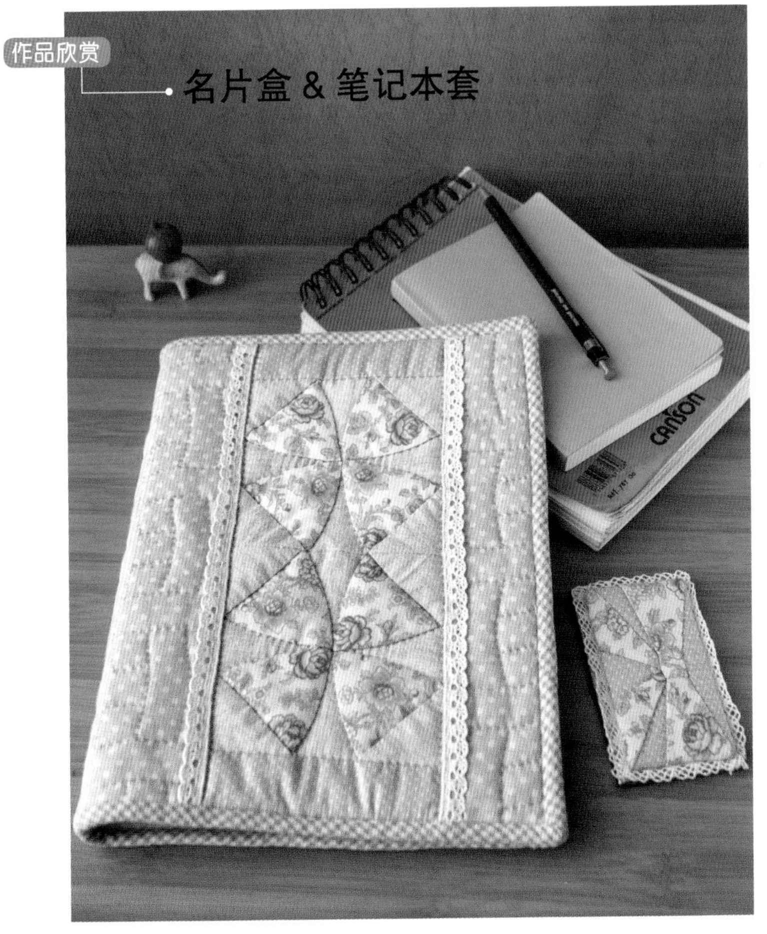

完成尺寸：随身电脑套 约 30cm×28cm
口金笔袋 约 18cm×6cm
作品尺寸：笔记本套 约 25cm×19cm
书本挂饰 约 50cm×42cm
名片盒 约 9.5cm×6cm

设.计.概.念

将蝴蝶结图形拼接应用于整组作品，让书房营造出专属女性的甜美气质。

让书房的主人，在读书之余也能一直保持愉快心情。

蝴蝶结 **口金笔袋**

喜欢读书的人，
除了珍惜书本，
每一支笔也要收得好好的，
随时记下生活中的灵感吧！

口金笔袋

HOW TO MAKE

做法绘图／韩欣恬

★内附原尺寸图

材料

素麻布 20cm × 20cm
花布 2 色各 10cm × 10cm
卡其小点布 15cm × 15cm
0.7cm 宽蕾丝
蕾丝 1cm 135cm
里布 15cm × 20cm
铺棉 15cm × 20cm
滚边 3.5cm × 230cm
3.5cm 宽蕾丝 30cm
仕女口金 18cm 1 个

1. 图案拼接，完成 2 片。

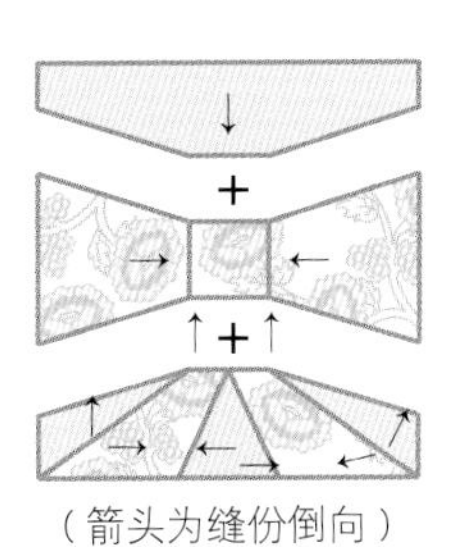

（箭头为缝份倒向）

2. 蕾丝拼接完成后缝上，完成表布 1 片。

完成表布 1 片

3. (1) 表布与里布正面对正面，最下层铺棉留返口车缝一圈。
(2) 将缝份多余的铺棉修掉，缝份 4 个角修剪掉，翻至正面，返口藏针缝合。

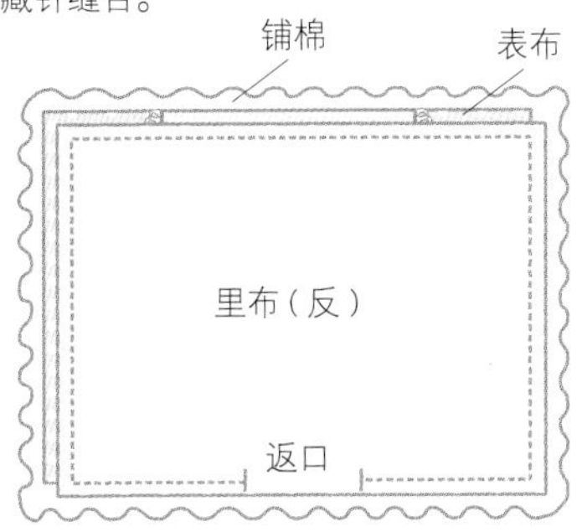

4. 压线。

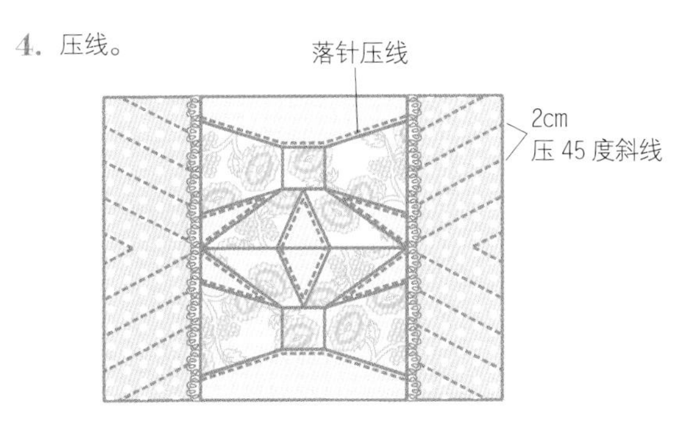

5. 内袋：蕾丝左、右边藏针缝。内袋手缝只要缝到里布及铺棉，不可缝到表布。
※ 也可依个人文具设计内袋。

蕾丝 17cm，蕾丝左、右边藏针缝
11cm
2.5cm
蕾丝内折 1cm
4.5cm
内折
0.5cm 手缝
手缝 3 等份
上下边都内折
0.5cm 手缝
蕾丝 11cm

6. 缝上口金。

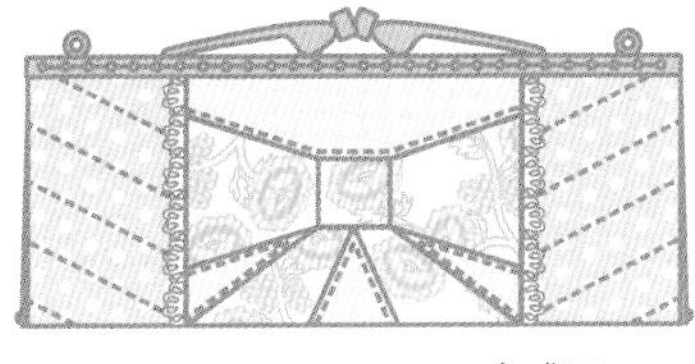

完成图

布的 Sew la vie

Food
拼布的食，甜蜜可爱；

Dress
拼布的衣，创意无敌；

House
拼布的住，贴近生活；

Shopping
拼布的行，魅力时尚。

食♥衣♥住♥行（第五回）

黛西老师·快乐登山趣

小野布房·仿拼接风格

李琼惠老师·精灵的家

郭铃音老师·美食地图

棉花糖女孩的美食地图抱枕

棉花糖女孩经过了一条蛋糕路，
右转是咖啡弄、直走是比萨街，
第二条路口有蘑菇巷和茄子里，
就这么悠闲地边走边吃、边买边玩……

■作品设计、制作、做法提供／小不点拼布艺术 郭铃音老师 ■摄影／Akira
■文字／黄璟安 ■美术设计／林巧佳 ■做法绘图／韩欣恬

Food's Point

随性的缎带设计，简易画出地图路线，用羊毛毡戳出各式食物，再以英文刺绣加上四周的羊毛球装饰，抱枕可爱度立即up up!

完成尺寸：约35cm×35cm
内附原尺寸图

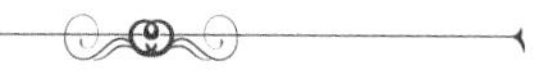

HOW TO MAKE

材料

羊毛毡各色少许
毛料缎带1cm×130cm
英文字需用到刺绣线1组
30cm拉链1条
立体保丽龙球4个
表布36cm×72cm
内里布35cm×70cm
枕芯33cm×33cm

做法

1.先用白色水消笔将羊毛毡刺绣的图画在表布上(包括毛料缎带路线位置)。

2.首先缝上毛料缎带，再用羊毛毡刺绣6个图(全部以一根羊毛毡刺绣针完成)。

3.接着依序以刺绣线3股将英文字完成。

4.立体羊毛毡小球4个是以2.5cm的保丽龙球刺绣完成。

5.表布与里布正面对正面车缝口布，缝份移至中间接着各自车缝两边，仅有里布留一边7cm返口，翻回正面烫整一下，再藏针缝。

6.缝上立体羊毛毡球，顺便将4个角拉出来。

7.上拉链时记得留左、右各3cm，以藏针缝方法藏住拉链头尾即完成。

作品欣赏

美食之旅·护照套

美食之旅就是要：
把心放空、把胃填满，
收集一路上的美好回忆，
再把自己带回家乡，
然后重新从心出发。

作品尺寸：10.5cm×17cm
20.5cm×17cm(摊开)

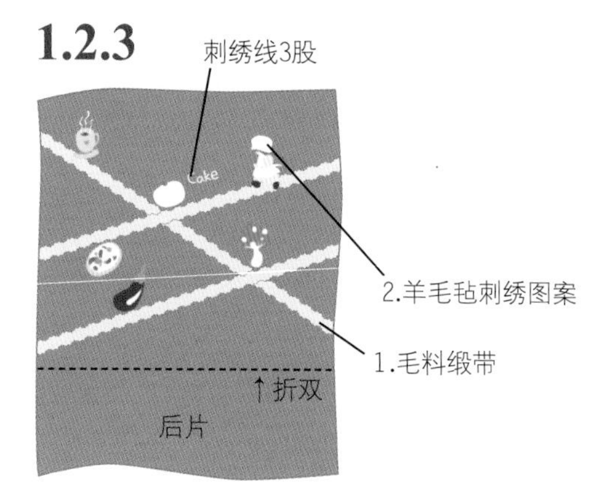

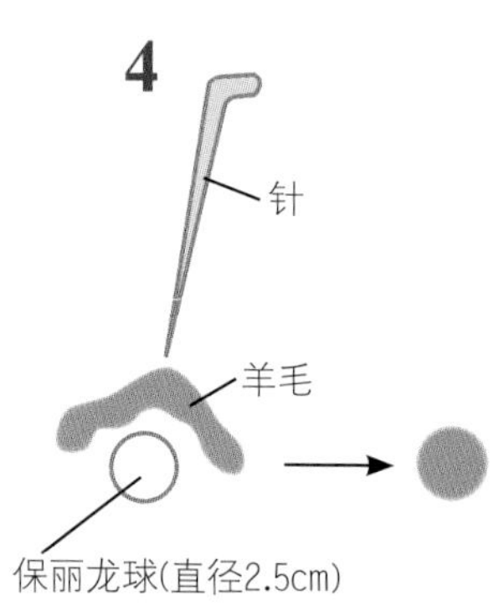

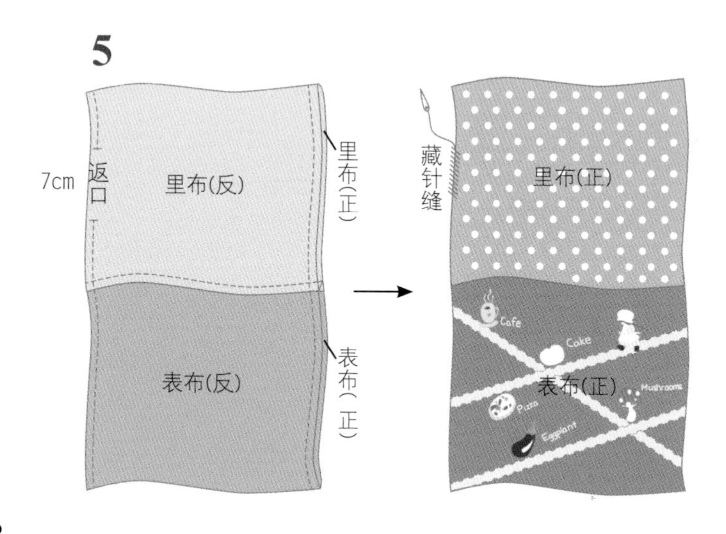

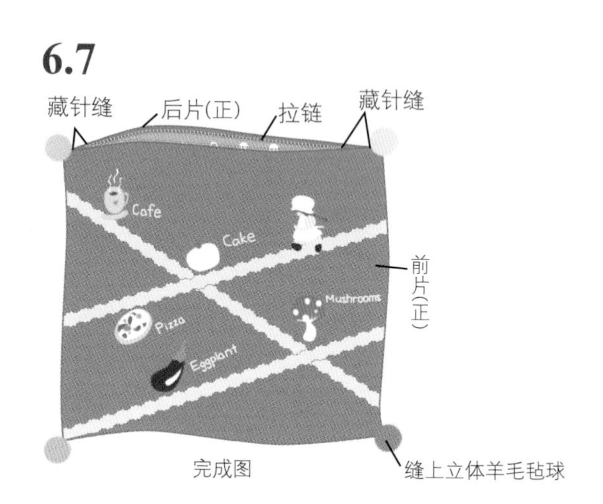

善用仿拼接设计的图案布料，
使衣物呈现浪漫的民族风格。
刻意让袖子与裙摆佐以深色调，
立即修饰女性讲究的穿着线条。

■作品设计、制作、做法提供／小野布房 魏廷伃老师&简雪丽老师
■摄影／Akira ■文字／黄璟安
■美术设计／林巧佳 ■模特儿／卢诗洁

Dress's Point

将图案布充分运用在洋裁设计上，做成长版上衣或者及膝洋装，都是非常时尚的穿搭选择。

完成尺寸：约132cm×80cm
(适合M尺寸女性穿着)
内附原尺寸图
制作方法请参考P.49～51

同系列的小抱枕，

凸显布料的特色，

温柔营造出居家时尚，

令人爱不释手。

精灵的家 后背包

■作品设计、制作、做法提供／木棉花拼布艺术 李琼惠老师 ■摄影／C.CH
■文字／黄璟安 ■做法绘图、美术设计／林巧佳

精灵们的家，砖瓦颜色
随着每天的心情变换。
蓝色是自由自在，红色
是突然想念，
想念从前森林里见过的
小花草。

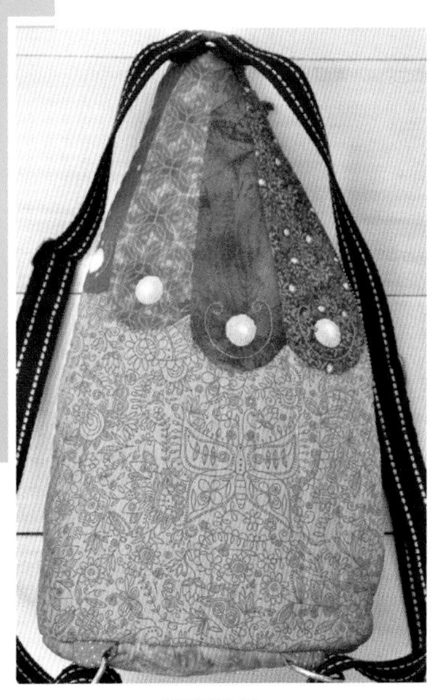

背面设计

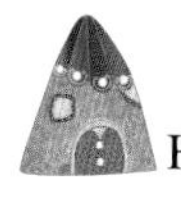

House's Point

前卫又带点魔幻感的海蓝系作品。不规则的屋顶、小窗，门是立体小口袋，环绕着淡淡的刺绣图案——精灵们的家充满了奇幻创意。

完成尺寸：约22cm×37cm
内附原尺寸图

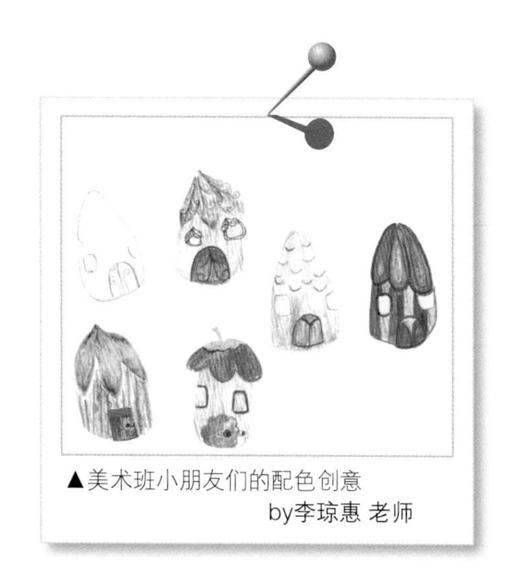

▲美术班小朋友们的配色创意

by李琼惠 老师

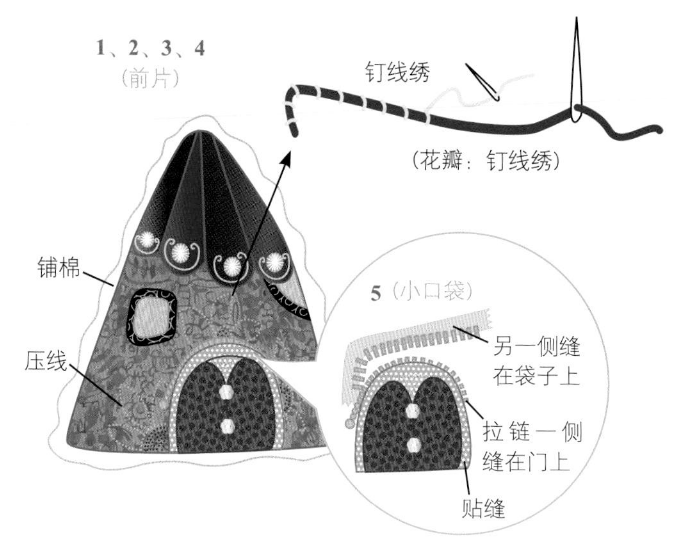

HOW TO MAKE

材料

印花布
拉链
织带
D形环
日形环
铺棉
扣子
绣线

做法

1.表布上先画前后两片、窗户、门。

2.依原尺寸图顺序A～L贴缝至表布。

3.再铺上铺棉、压线。

4.绣上图案。

5.小口袋的门先贴缝好，门框用贴缝或包边（记得铺棉及里布）压好棉，缝上扣子再上拉链，之后再用双线缝至表布固定。

6.前、后片压好铺棉之后，先上拉链，拉链口的铺棉要修剪，D形环先疏缝在袋身，左侧墙至右侧墙组合好后，内侧缝份卷针缝固定，再接底。

7.底的缝份及铺棉卷针缝向圆心固定。

8.里布组合如表布一样，组合好之后再放入表袋，拉链口贴缝一道即可。

9.织带穿上D形环及日形环车缝固定，一边长度依身材来定，大约90cm～100cm，即完成。

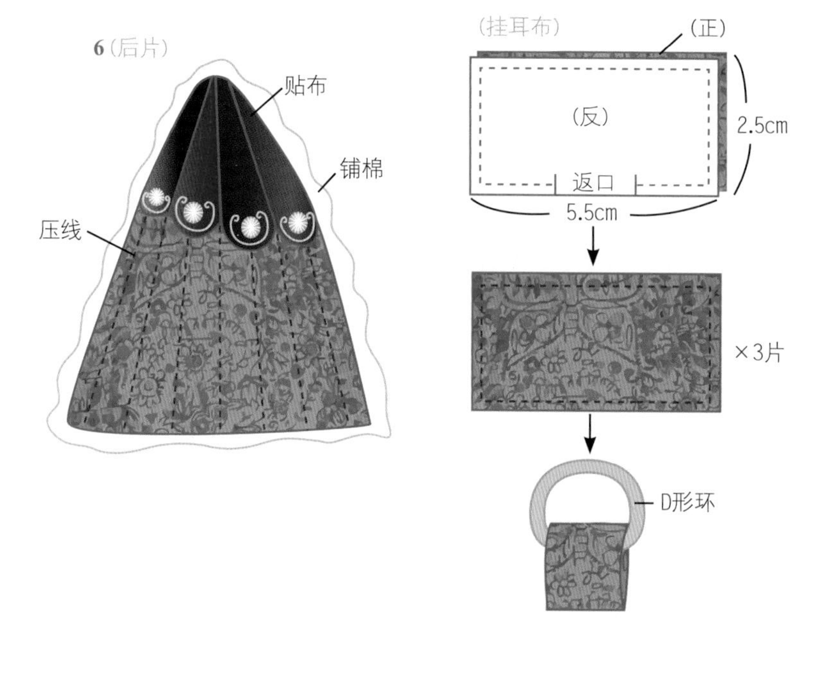

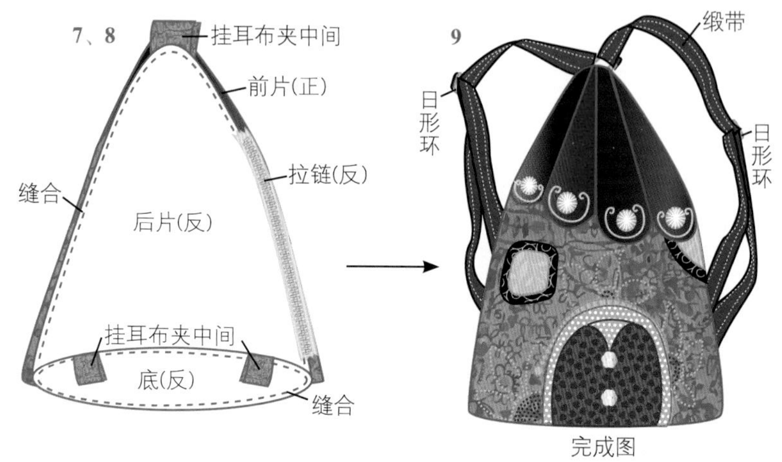

Shopping's Point

郊游最适合挂带的后背包、手作的随身卡套，把栎果刺绣在背包上面，更能表现出包包主人的率真个性。

栎果笔记 休闲背包

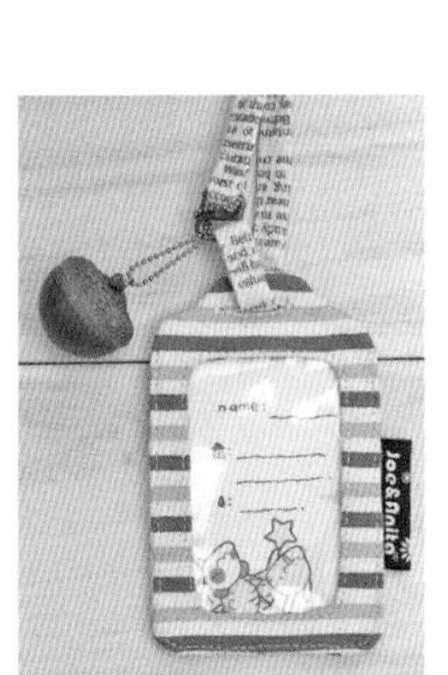

离开电脑，起来动一动吧！
上山收集可爱的果实，
小西氏石栎、青刚栎、卷斗栎、栓皮栎……
做拼布也要勤作植物笔记，
这些都是大自然的创作呢！

■作品设计、制作、文字、做法提供 / 黛西老师　■摄影 / C.CH　■小模特儿 / 周以恩　■做法绘图、美术设计 / 韩欣恬
■完成尺寸：约 26cm×31cm　■作品尺寸：约 7cm×11cm(随身卡套)　■内附背包原尺寸图

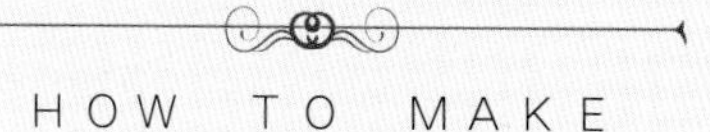

HOW TO MAKE

材料

50cm 双头拉链 1 条
D 形环 2.5cm×3 个
D 形环 1.2cm×2 个
里布
条纹表布
素色表布
布衬
咖啡色绣线
扣锁 1 组（也可用四合扣，依个人喜好）
米白色织带 2.5cm 约 140cm
日形环 1 个
12m/m 四合扣 1 组
胶板

做法

※ 布衬都未含缝份。

1. 前片表布 2 片组合（反面缝份烫开，缝份倒向两侧）。
2. 与中心的表布缝合（反面缝份倒向深色的布料，弧度处需剪牙口）。
3. 步骤 2 的表布与里布 2 片的反面分别烫上布衬。
   前片里布尺寸：
   上宽 32.8cm× 直 30cm× 下宽 36.1cm。
   后片里布与表布尺寸：
   上宽 22cm× 直 30cm× 下宽 23cm。
   尺寸皆未含缝份。
4. 前片上缘布 2 片，反面各烫上布衬。
5. 步骤 3 的表布与拉链的正面相对，上方再放上里布，夹车缝上拉链。
6. 翻至正面，正面再压缝一道固定线。
   ※ 弧度跟拉链接缝处需剪牙口。
7. 后袋表布与里布皆烫上布衬。
8. 底的里布与表布、D 形环用布 2 片的反面各烫上布衬（D 形环用布：7cm×8cm 2 份、布衬 5cm×6cm 2 份）。
9. D 形环用布对折（布的正面相对），车缝一侧再翻至正面，两侧各压缝一道固定线。
10. D 形环与底结合。
11. 表布＋薄铺棉＋里布（可将薄铺棉喷胶黏合于里布）。
12. 组合左、右两侧，再组合表袋与里袋（翻至反面，车缝表袋与里袋的袋口处）。
13. 翻到里面，组合底的表布。
14. 底的里布反面与胶板先缝合固定。
15. 组合底布用藏针缝缝合。
16. 袋盖里布与表布的反面皆烫上布衬，车缝袋盖由下方的返口翻回正面，再车缝袋盖返口。
17. 袋盖后方的 D 环用布（宽 1.2cm 的 D 形环用布：3cm×6cm×2 份、宽 2.5cm 的 D 环用布：7cm×7cm×1 份，同步骤 9 完成再缝于袋子的后面。
18. 车上步骤 16 的袋盖，装上扣锁或四合扣，完成。

1.

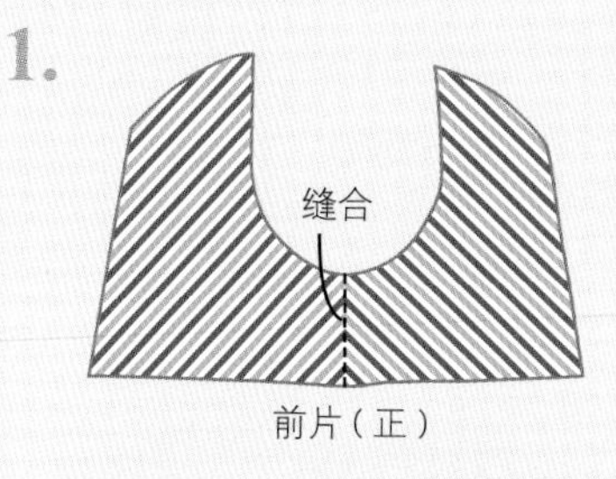

2、3

4、5

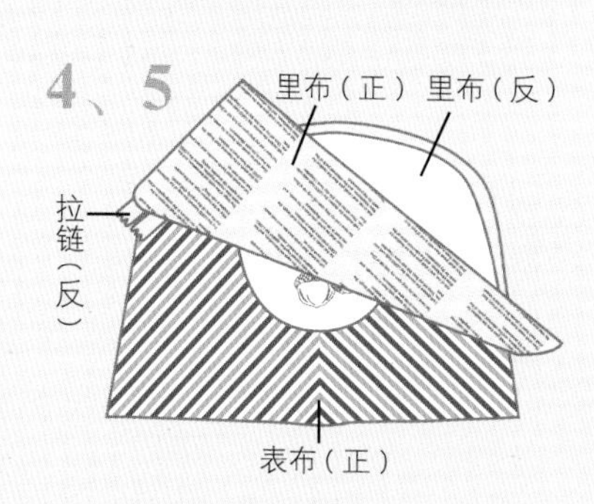

6

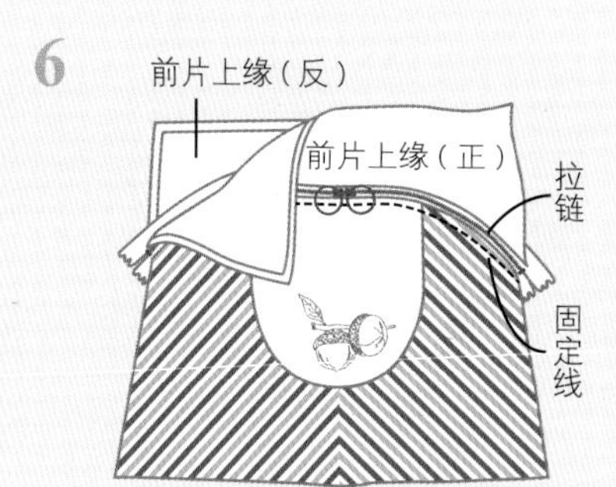

7、8、9、10

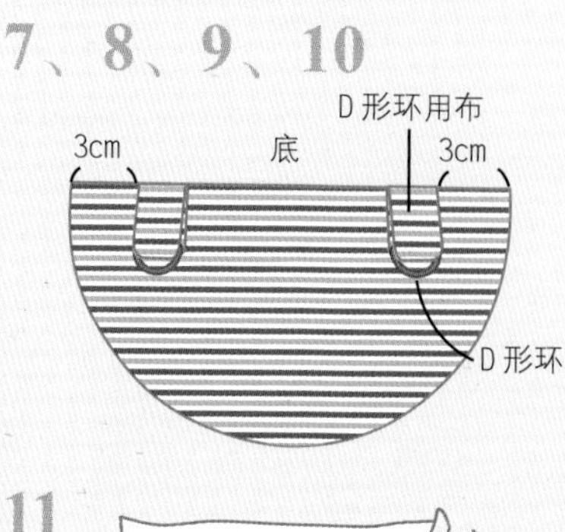

11

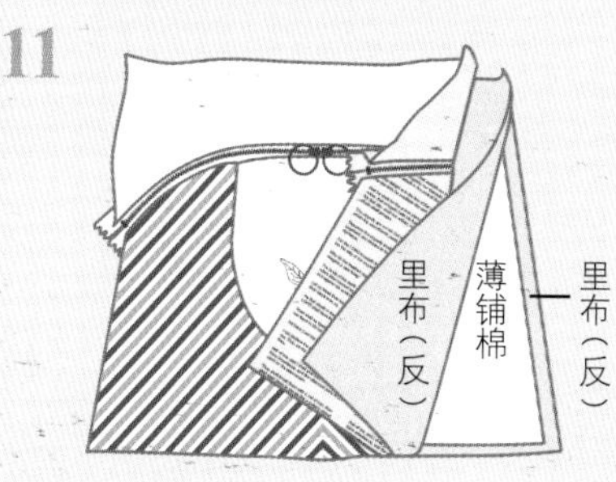

12

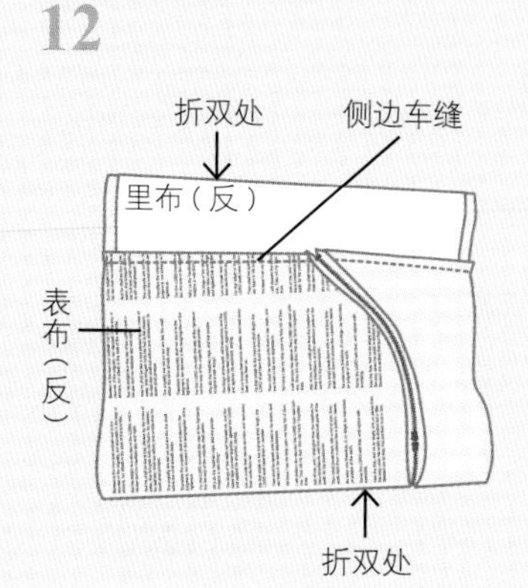

13、14、15

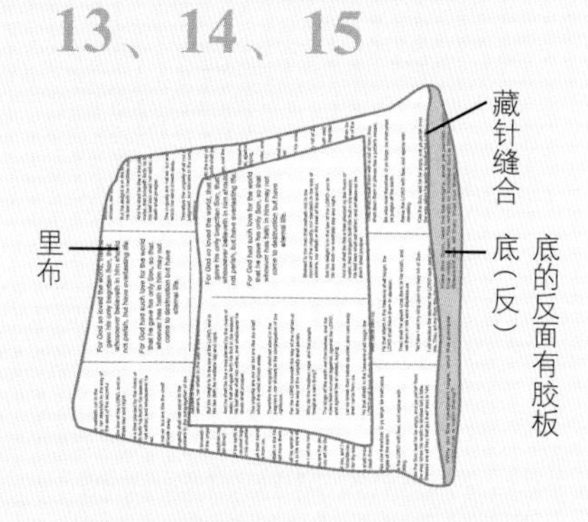

16、17、18

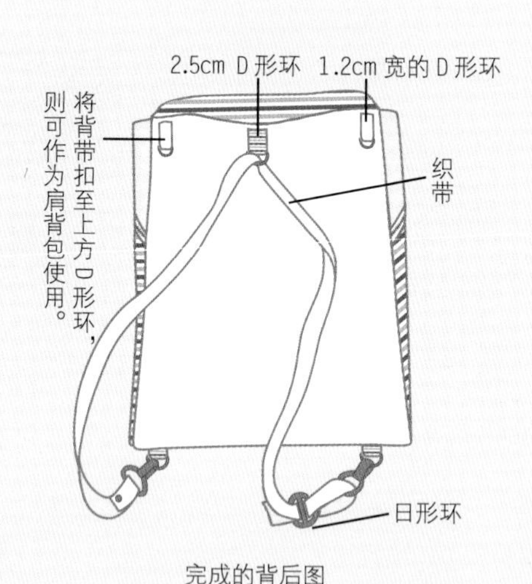

完成的背后图

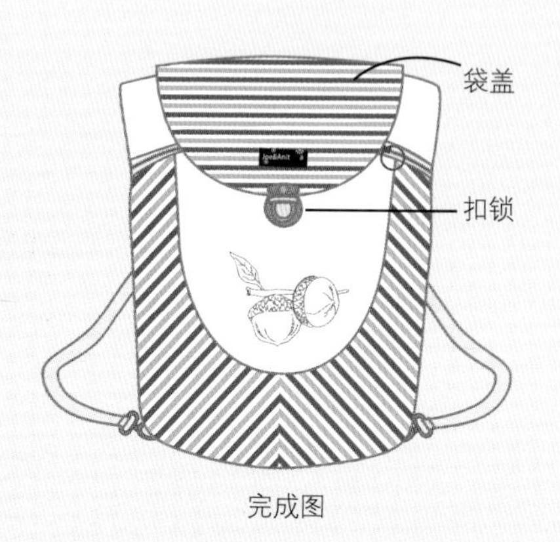

完成图

手作家的布·落·格

潘妤莹老师·
多妮的拼布幻想世界

将手作创意与网络连接，
拼布的力量无所不在……
独家超人气作者连载，
要你发现布落格的惊喜与
美丽。

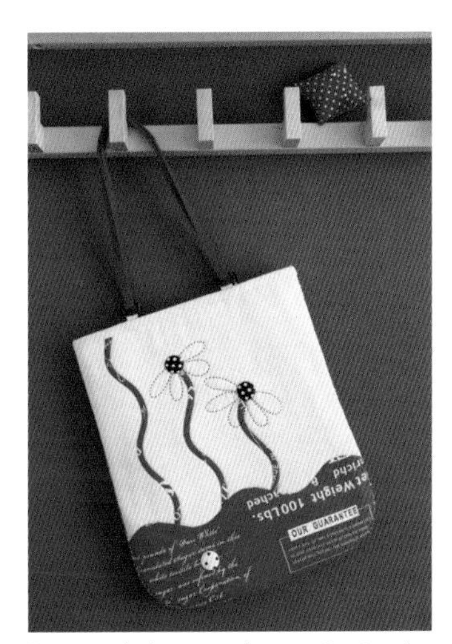
阿 Kat 老师·Kat's Quilt Garden

Ann·Ann 妈咪的拼布小角落

映衣老师·粉领系的蕾丝童话

陈慧如老师·彩绘的美·布知道

苏玲满老师·嗨！花样厨娃！

生日惊喜·提包

Donny 4

作品设计、制作、做法提供／潘妤莹老师
摄影／萧维刚
文字／黄璟安
做法绘图／林巧佳
美术设计／韩欣恬
内附原尺寸图

完成尺寸：约 32cm×23cm

HOW TO MAKE

材料

先染布 35cm×29cm 2 片（前、后片）
35cm×18cm 1 片（前配色）
35cm×20cm 1 片（后片拉链处）
38cm×10cm 1 片（上片）
64cm×12cm 1 片（底片）
55cm×14cm 2 片（提手）
130cm×4cm（滚边条）
190cm×3cm（滚边条）
配色布数片
里布 90cm
坯布 45cm
铺棉 45cm
拉链 30cm1 条、18cm1 条、25 cm1 条
绣线适量
花扣 3 个
棉线（3mm×190cm 滚边条用）
胶板

做法

1. 先将前片、底片先染布贴好，再依顺序贴布完成。

2. 开始铺棉（表布＋铺棉＋坯布疏缝压线），上片、底片、后片 1、后片 2 皆同样做法铺棉压线。

3. 绣线：彩球、多妮帽子、雏菊花、蛋糕上的花、腊肠狗、包包提手等的刺绣方法请参考原尺寸图。

4. 所有版型皆校正一次，按版型裁剪组合。
   (1) 将校正好的拉链上片下面摆放同等大小里布，四边疏缝，再从中心线剪开，包边缝上拉链备用。
   (2) 后片 B 一样剪同等大小里布四边疏缝（内袋可先做好）上方包边缝拉链。缝拉链另一边时，剪 1cm×28cm 棉条缝在包边内侧，一起包边即可。
   (3) 将制好的后片 B 缝上后片 A，上方四边稍疏缝，拉链另一边则用藏针缝合。
   (4) 剪与前片、后片 A 相同版型的里布外加 0.5cm，开内袋拉链，置物袋制好备用。
   (5) 提手制作：将 55cm×14cm 表布对折成 55cm×7cm，画好提手版型，下面放铺棉上下车缝，翻回正面前记得修多余的棉，正面左右再车压缝 1cm，绣上雏菊花（花心 6 股 2 圈，花瓣、叶子 3 股，黄色结粒绣 6 股 1 圈）。
   (6) 前、后片缝上滚边条，和提手（提手位置中心点的左、右各 6 cm 处）
   (7) 剪与底片同等大小里布与底片、上片左右车缝组合。
   (8) 上、下底片组合完成后找出中心点，与前片、后片、中心合印点对好，四周珠针固定，卷针缝一圈再车缝 1cm，车缝完将缝份往内卷缝一周。
   (9) 剪小于版型 1 cm 胶板，将里袋前、后两片缩缝胶板外，稍整烫取出胶板，再用藏针缝合前后片内部，里袋需覆盖车缝线，一样四周缝合即完成啦！
   ※ 画上多妮眼睛、狗狗眼睛（压克力颜料先上黑色待干，再上白色、雀斑、咖啡色）。

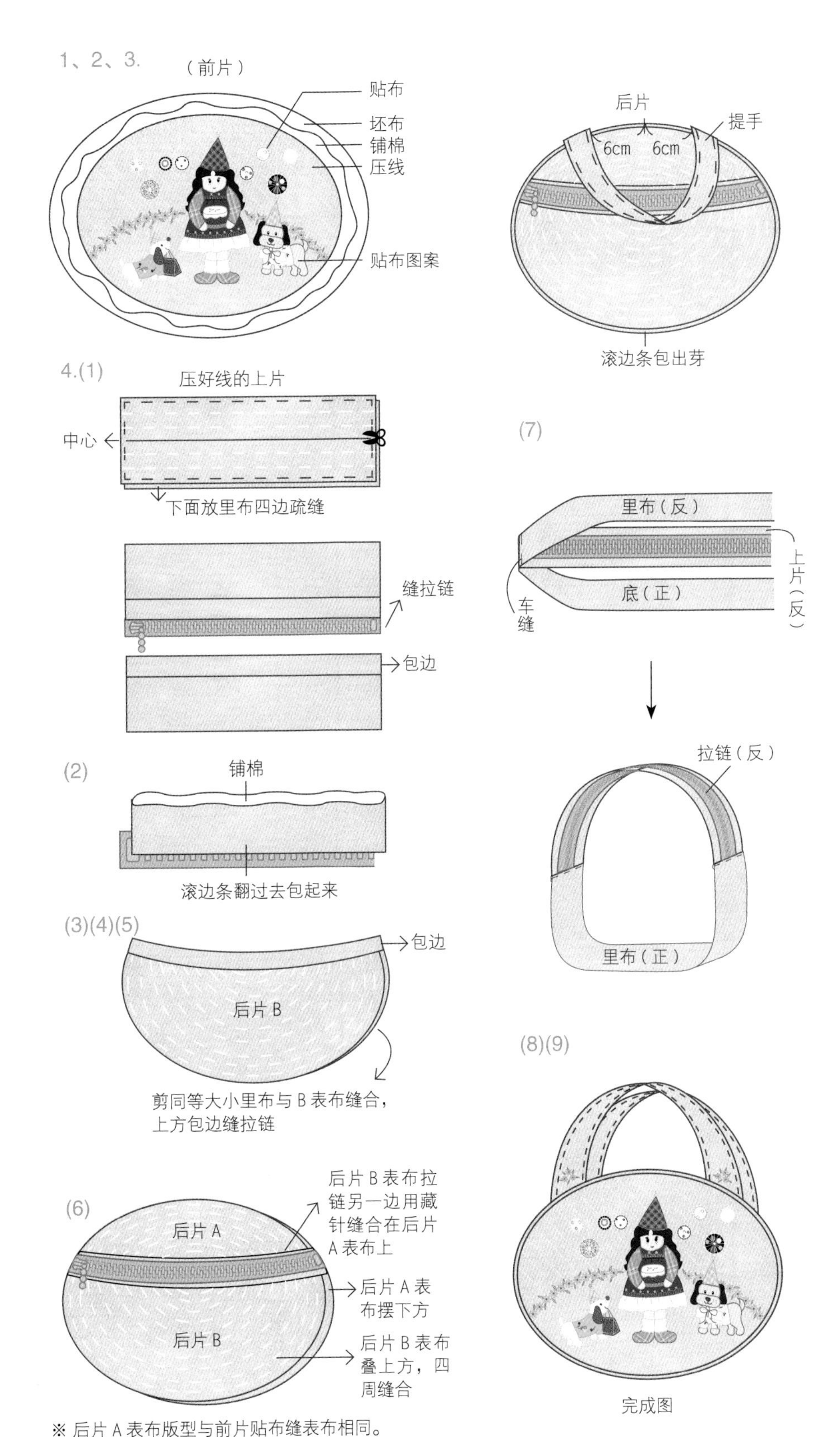

※ 后片 A 表布版型与前片贴布缝表布相同。

多妮与狗狗

创意拼布家潘妤莹老师，全新打造可爱的贴布人物小女孩多妮和她的宠物们，在多妮的拼布幻想世界里，会发生什么有趣的事情呢？跟着她们一起去探险吧！

Our dreams

气球厨娃手提圆包

把小花儿
做成一个个彩色气球，
期待着梦想升起的时候。
好朋友，我们一起加油！

完成尺寸：约20cm × 18cm
作品设计、制作、做法提供／苏玲满老师　摄影／C.CH　文字／黄璟安　美术设计、做法绘图／韩欣恬　小模特儿／周以恩
内附原尺寸图

HOW TO MAKE

材料

先染布
棉布
贴布片
滚边条
坯布
铺棉
厚布衬
装饰扣3颗
绣线
娃娃头发
拉链25cm
皮制提手1组

做法

一、前片袋身。

1.A布依序贴布完成。

2.接合。

(1) B+C+D+E

(2) E。+D。+C。+B。

→(1)→+A+(2)=★

(3) ㄅ+ㄆ+ㄇ+ㄈ+ㄉ+ㄊ

(4) ㄊ。+ㄉ。+ㄈ。+ㄇ。+ㄆ。+ㄅ。

→(3)+★+(4)

3.疏缝。表布+铺棉+坯布疏缝压线。

4.装饰各部位。

5.车缝四个三角底。

二、后片袋身：做法与步骤3、5相同。

三、里布(前、后片各自完成)。

1.里布贴厚布衬(厚布衬不要留缝份)。

2.跟前后片袋身一样，车缝四个三角底。

3.前、后片里布各自疏缝在前、后片袋身。

四、包边

前、后片袋身各自包边完成。

五、缝上拉链，剩余处卷针缝合，最后缝上提手即完成。

一、 1、2.(1)~(4)

前片

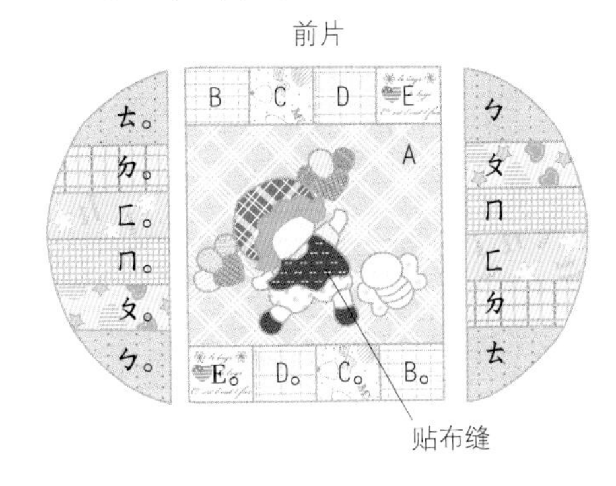

二、后片

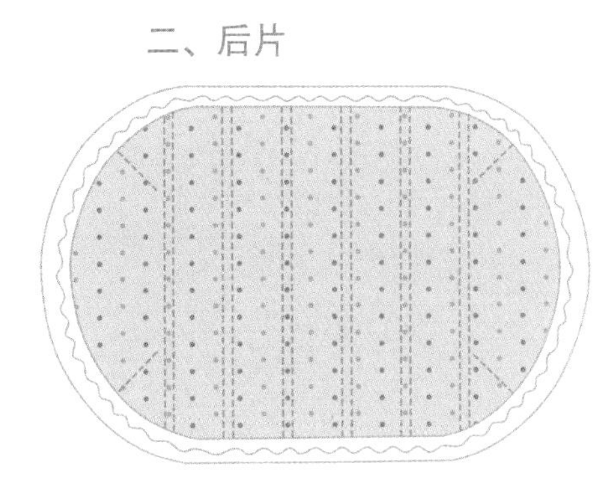

3.4.

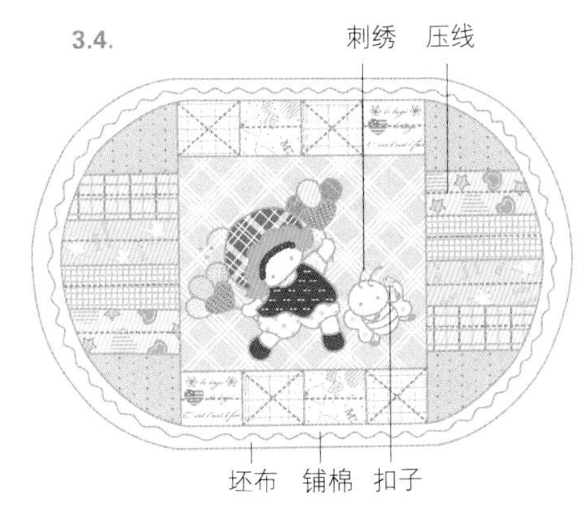

三、 1、2.

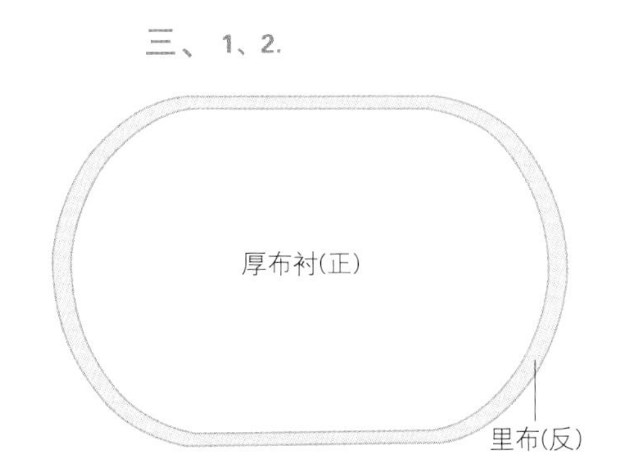

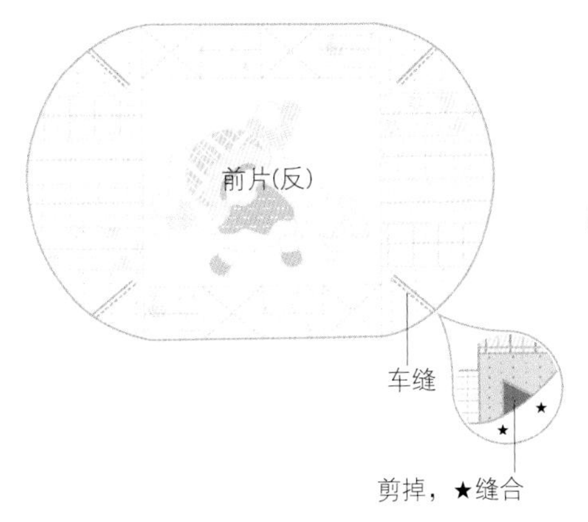

三、 3.

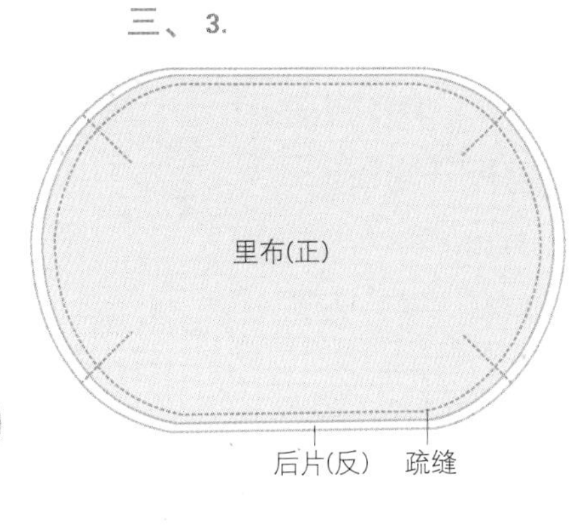

四、五、

最后缝提手

上拉链

卷针缝

完成图

花样厨娃小档案

好可爱拼布系列的最新诞生人物，取名来自我在博客上的票选活动。
花样厨娃帽子上的3个结粒绣，代表“爱、快乐、勇气”的种子。 ——苏玲满老师

来电达令

你为你的Darling
用心做了一个手机套，
怕它风吹雨淋。

自从和我在一起，
坐车的空当随时也要检查FB，
吃饭的时间每个人都头低低……

连我都忍不住想问你：
到底
跟你恋爱的对象是我，
还是一部手机？

作品设计、制作、做法提供／映衣老师　摄影／萧维刚
文字／黄璟安　美术设计／韩欣恬　做法绘图／林巧佳

背面设计

恋爱习题智慧型手机包

完成尺寸：约10cm × 15cm

作品欣赏

浪漫拼接・手机套

作品尺寸：约8.5cm×12.5cm

THE POINT OF LACE

用缀有亮片的网纱蕾丝做口布的装饰，
让刚硬的科技产品
多了些柔软细腻的女性风情。
彩色小水玉做滚边，
再将包扣用缤纷色布做成小饼干的造型，
可爱又讨喜。

HOW TO MAKE

材料

花布7、8种各5cm×15cm
里布25cm×20cm
土台布25cm×20cm
蕾丝带2种细版、宽版各30cm
织带30cm
铺棉25cm×20cm
纸衬10cm×10cm
口金弹片1组10cm
问号钩2个

做法

※标示尺寸请外加0.7cm缝份制作。

1. 先将布片拼接好，再把表布、铺棉、土台布三层叠好后压线，再修剪需要的图形。
2. 裁2条20cm×3cm(需外加缝份)的口布，布条烫上纸衬后，正面对正面缝合，翻至正面，再把蕾丝(宽版)固定在口布上。
3. 口布上下对折与袋身缝合，再把前后两片缝合，内袋(10cm×13cm，外加缝份)另外缝合后和外袋用立针缝合后翻至正面。
4. 把口金弹片穿过口布后用钩环固定。蕾丝(细版)和织带缝合后，两端再穿入问号钩后固定好，再与弹片环结合即完成。

单位：cm

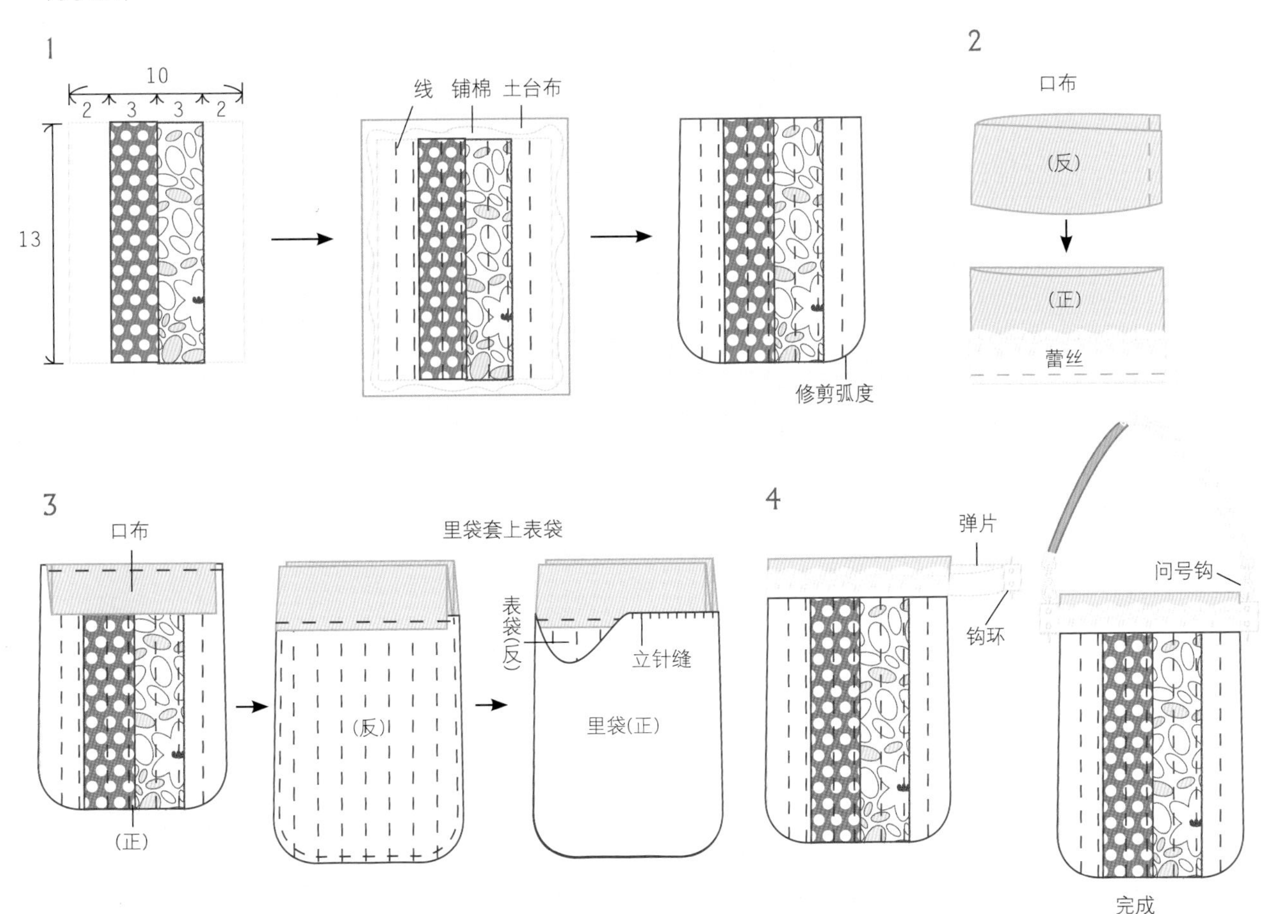

用自己的布包，画自己的创意，
这就是拼布与彩绘结合的乐趣。

My Lily Letters
小提袋

内附图案
完成尺寸：约19.5cm×29cm

我在巴黎左岸，
写了一封信给你。
彩绘百合书签，
夹带着我的思念，
Le bonheur……
愿幸福常伴你左右。

■作品设计、示范教学／陈慧如老师
■情境摄影／詹建华 ■教学摄影／Milk
■文字／黄璟安 ■美术设计／林巧佳

材料准备
使用素材：麻质提袋 MO-318、印章、印泥
使用颜料：SO-SOFT布用颜料DSS-19、DSF-1、DSS-23、DSS-38、DSS-2、DSS-47、DSS-91、DSS-83、DSS-71、
使用笔型：8号平笔、10/0号线笔、3号圆笔

HOW TO MAKE

简称：B=底色
S=暗面
H=亮面
S/L=单边渐层

1 将图描绘于布袋上，先用布用印泥盖文字印章。

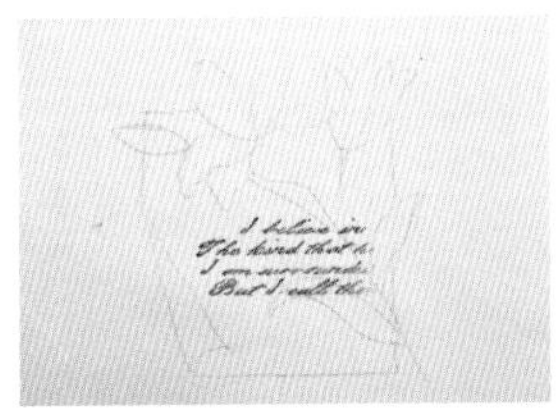

2 用3号圆笔上色盛开的百合：B/DSS-91+DSS-71(3：1)。含苞的百合：B/DSS-91+DSS-71(3：1)、DSS-47+DSS-91(1：2)。

3 画阴影：在上色处扫一层薄薄的水，红色处用DSS-38做出渐层感。绿色处用DSS-19做出渐层感。

4 第一层亮面：在上色处扫一层薄薄的水，用3号圆笔蘸DSS-91，做范围较大的亮面。

5 第二层亮面：在上色处扫一层薄薄的水，用3号圆笔蘸DSS-83，做范围较小的笔触。花蕊：DSS-23、DSS-2、DSS-2+DSS-83。拉线：用10/0号线笔蘸DSS-38强调花瓣。

6 上阴影：在上色处扫一层薄薄的水，绿色处用DSS-19做出渐层感。

7 第一层亮面：在上色处扫一层薄薄的水，用3号圆笔蘸DSS-47+DSS-83，画出范围较大的亮面。

8 第二层亮面：在上色处扫一层薄薄的水，用3号圆笔蘸DSS-83，画出范围较小的笔触。

9 叶子底色：B/DSS-47+DSS-91(1：2)。

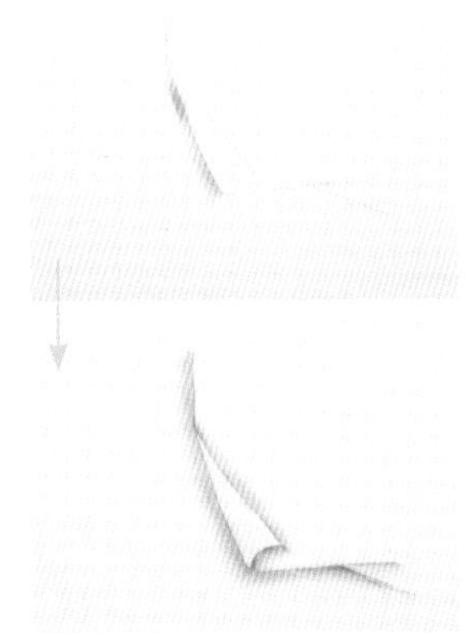

10 信封、信纸的阴影1/DSS-23+DSS-83(1：1)。阴影2/DSS-23局部加强即可。

小熊直笛袋

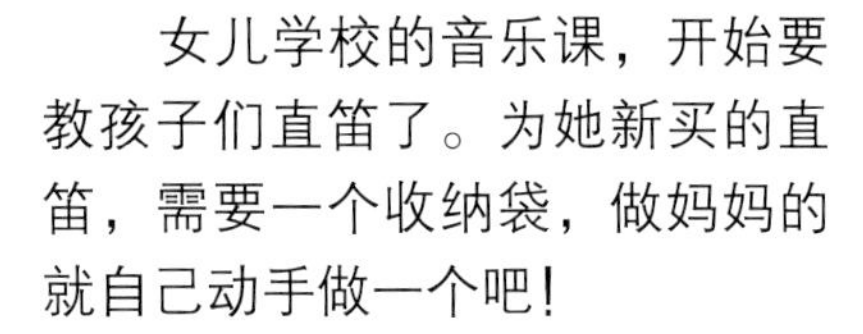

女儿学校的音乐课，开始要教孩子们直笛了。为她新买的直笛，需要一个收纳袋，做妈妈的就自己动手做一个吧！

画了一个小熊吹笛子的图案当作贴布，小熊看起来很有初学者认真吹笛子的模样喔！下方的拼布图案，找了一块有音符乐谱图案的布料，这些音符记号，以前我小学时也曾学过呢！真是怀念……

希望这个直笛袋，可以陪伴女儿度过快乐的音乐时光，学会许多好听的曲子喔！

作品设计、摄影、文字提供／Ann　美术设计／Chaco　内附原尺寸图

How to make

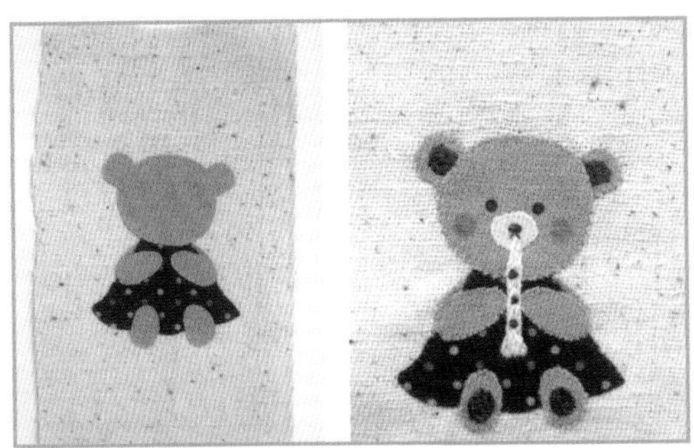

1 依照纸形裁贴布，利用双面衬烫贴制作小熊贴布图案，贴布边缘以立针缝固定。再以两股咖啡色绣线绣上耳朵及脚掌，两股白色绣线绣出笛子。以耐水性颜料画出小熊的眼睛及表情。

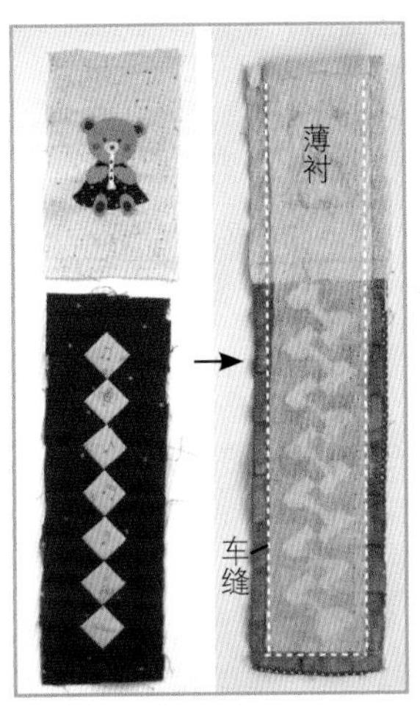

2 制作外袋：
参照纸形拼接前片的表布图案。完成后将表布后面烫上薄衬。裁剪一块同样大小的后片布（34cmx6cm，缝份需外加），背后也烫上薄衬，将前后两片正面相对，车缝三边，保留上方不需车缝。

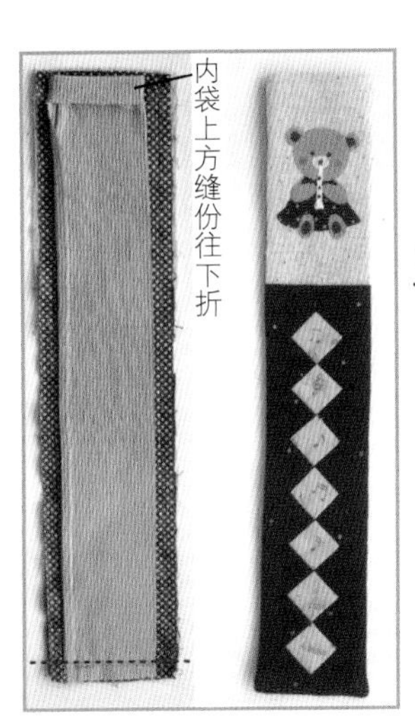

3 制作内袋：
裁剪两片34cmx5cm的内袋布（缝份需外加）两片正面相对，车缝三边，保留上方不需车缝。
将内袋与步骤2的外袋置中对齐，将内外袋的下方一起车缝固定，翻至正面。

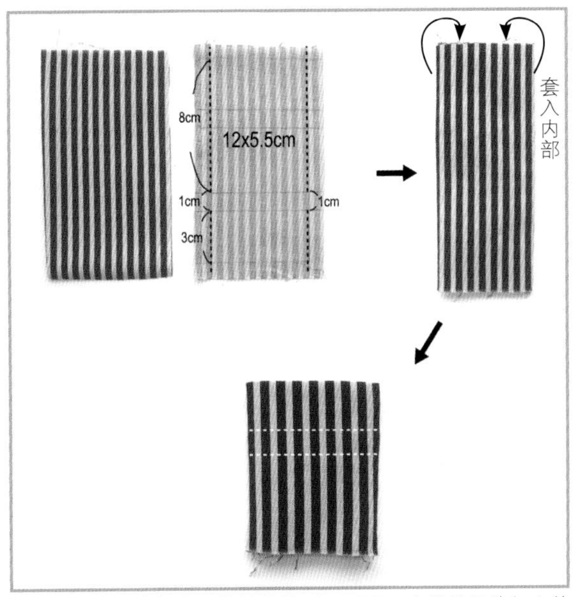

4 制作束口袋部分：裁剪两片12cmx5.5cm（缝份需外加）的布片，正面相对，依照图示车缝两侧，左右两侧均额外留下1cm的开口不需车缝。

翻至正面，将上半部套入筒状的内部，将之前保留的1cm处车缝两道线固定，此为穿绳的部分。

5 再将步骤4套入袋子本体，疏缝固定于外袋与内袋之间，再以藏针缝合固定。

将束口穿过两条绳子，再以木珠子固定绳子下缘。

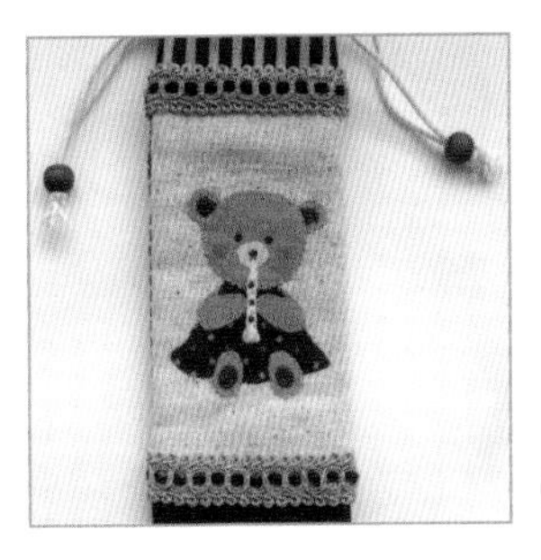

6 缝上装饰织带。

7 完成直笛袋。

幸福发芽·侧背包

作品设计、制作、做法提供／Kat　摄影／Akira
文字／黃璟安　美术设计、做法绘图／林巧佳
完成尺寸／约28cm×32cm　内附原尺寸图

~花的小字典~

车轮菊：旋转木马
(Osteospermum Whirligig)

车轮菊：带有香味，形状宛如轮盘的菊科植物，由于外观特殊，很受园艺家的喜爱。

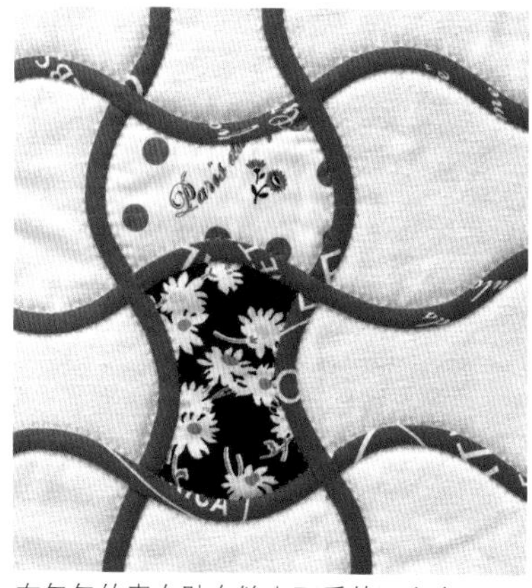

在包包的表布贴布缝上可爱的图案布，再车缝重叠上细长的布条，利用曲线的变化使作品的画面更为鲜明讨喜。

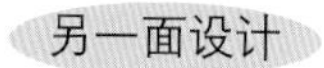
另一面设计

材料

- 浅色底布35cm×65cm
- 红色布55cm×45cm
- 斧形装饰布2款各10cm×10cm
- 点点花心用布4cm×4cm共3片
- 里布35cm×65cm
- 提手吊耳布4cm×24cm
- 包绳布3cm×90cm(斜纹布)
- 袋口滚边布4cm×60cm(斜纹布)
- 铺棉35cm×65cm
- 直径2cm包扣3个
- 绣线黑色、白色各适量
- 提手1组

做法

一、制作编织条：

红色布裁切成1.5cm×35cm的斜布条，共10条，以6mm滚边器烫折，在背面烫上5mm宽的热接着纸。

二、制作正面袋身：

1 浅色底布画上波浪图形。

2 将红色布条沿着浅色底布的波浪图形放置并贴布缝合。

3 袋身下方烫上红色布块，上缘贴布缝合。

4 点点花心布将包扣包裹缩缝完成，放置在指定位置贴布缝合。

5 袋身表布烫上热接着棉，完成压线后再沿着花心周围用2股绣线刺绣完成花瓣图案。

三、背面袋身：

1 浅色底布画上波浪图案，2片花布裁剪成斧形图案放置在适当位置上。

2 将红色布条沿着浅色底布的波浪图形放置并贴布缝合。

3 袋身表布烫上热接着棉，完成压线。

四、接合：

1 包绳布内夹棉绳对折车合边缘，疏缝固定在其中一片袋身表布正面周围一圈，再与另一片袋身表布正面相对，U形周围接合袋身，翻回正面。

2 裁剪里布2片，正面相对U形周围接合袋身，完成里袋。

3 里袋套入表袋内，袋口疏缝一圈固定。

4 制作4条吊耳布：裁切4cm×6cm布片共4片，两侧反折之后再对折车合完成1cm×6cm长条共4条。

5 吊耳布挂上提手钩环，再固定在袋口适当位置上，袋口滚边一圈即完成。

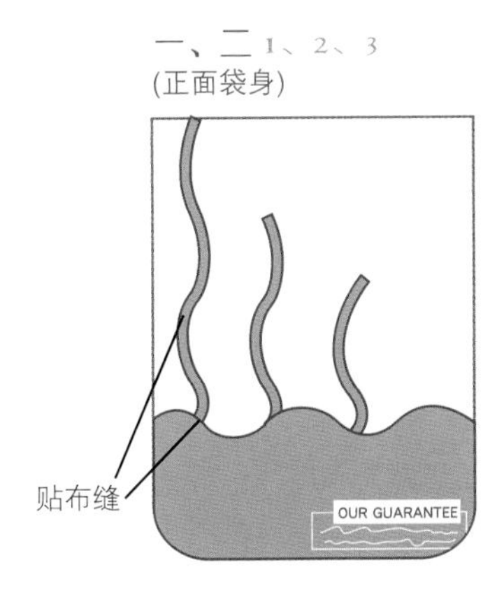

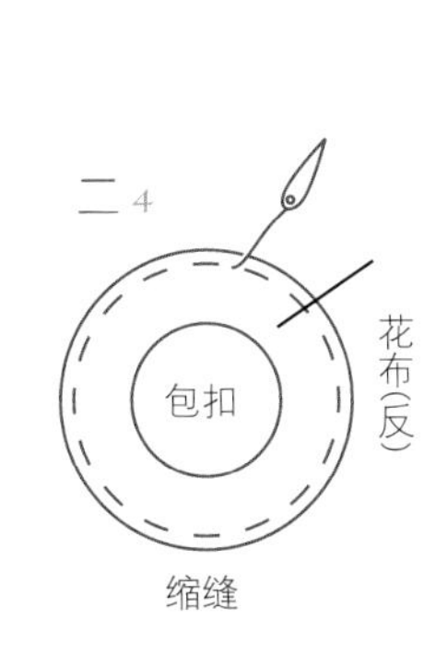

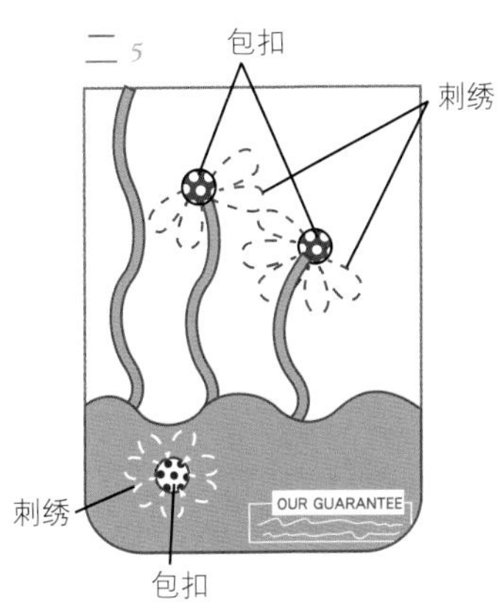

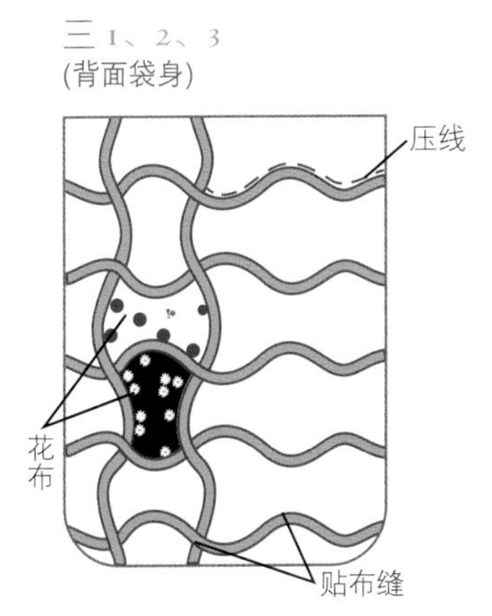

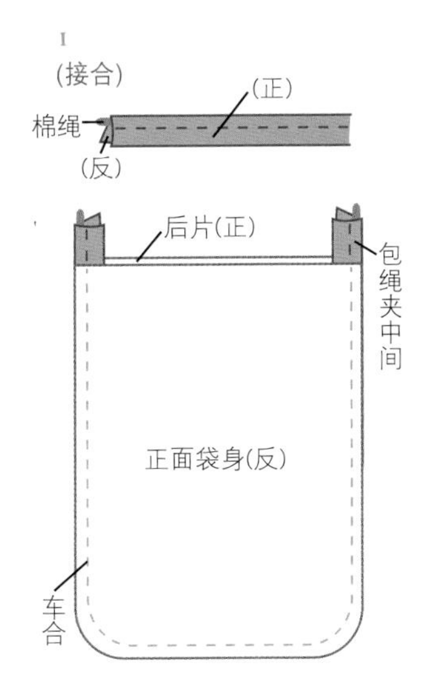

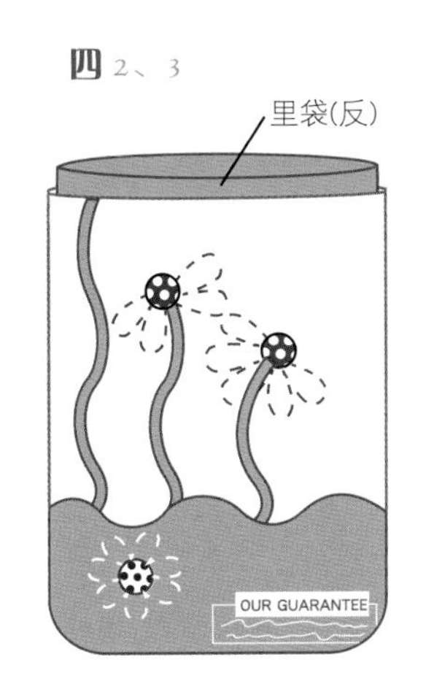

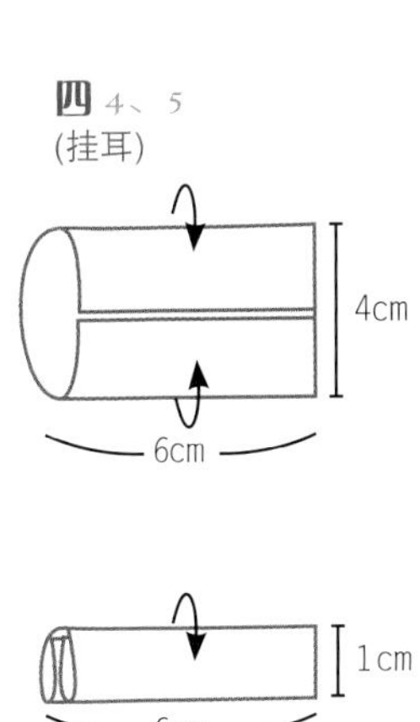

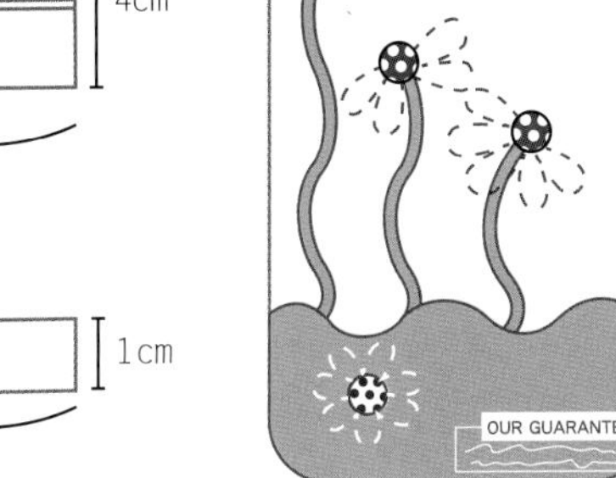

完成图

How to make

拼布放大镜

缝纫生活的乐趣，来自于每一天都有新创意。
用放大镜观察手作小细节，就跟着我们一起动手做吧！

★★★★★ 为做法难易度指数参考

- 除了特别指定之外，做法解说内的尺寸皆不含缝份。
- 本单元做法标示的数字单位为厘米（cm）。
- 为避免争议，刊登做法内容皆为设计者提供及示范，部分拼布用语略有不同，敬请见谅。

P.29 仿拼接浪漫长版上衣

作品设计、教学示范 / 简雪丽老师
摄影 / Nanami　文字 / Anjing　美术设计 / 韩欣恬

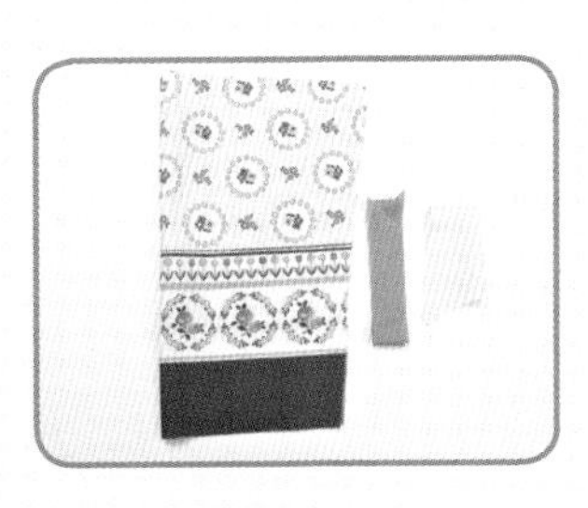

材料

* 图案布 270cm
* 滚边素布 3.5cm × 68cm
* 贴边布

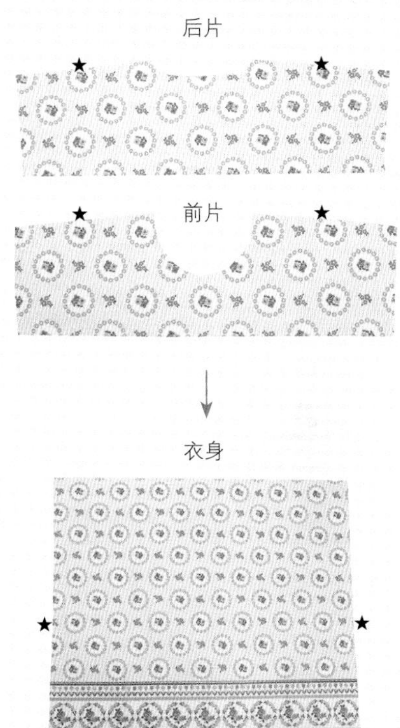

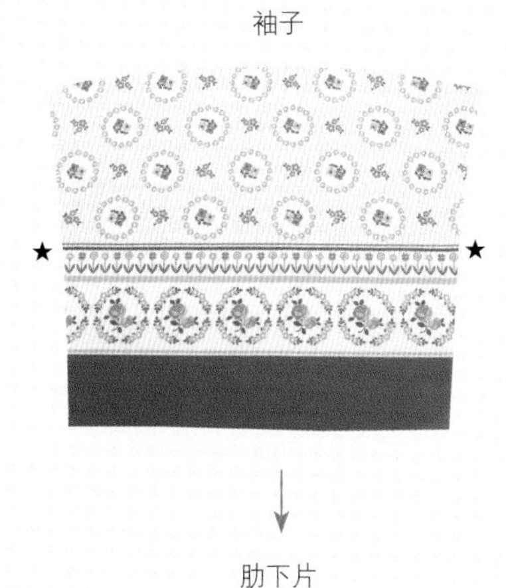

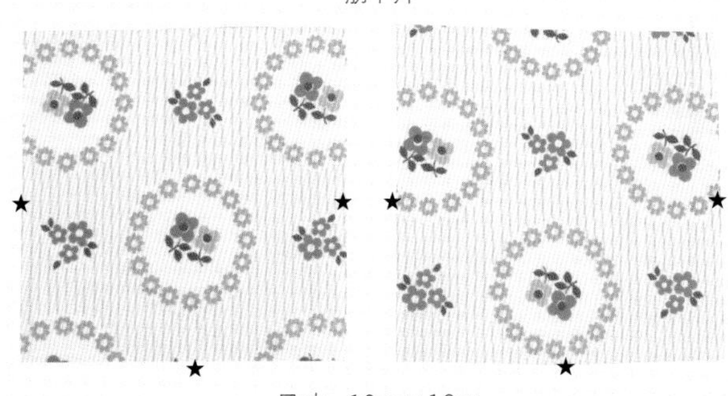

尺寸：13cm × 13cm

1. 依纸型裁好袖子 2 片、前片、后片、肋下片 2 片、衣身 2 片。★处需做拷克处理。

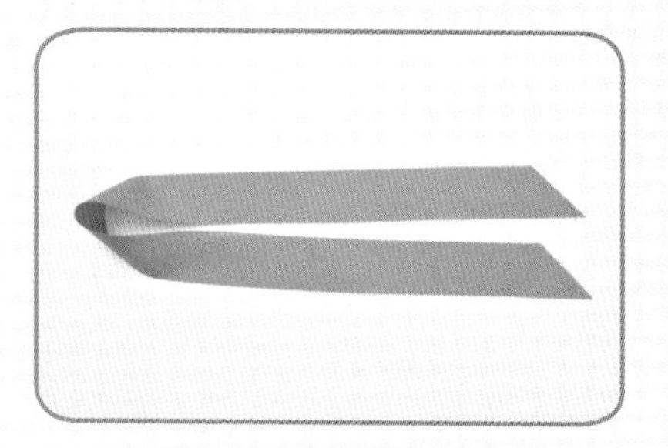

2. 裁好滚边素布 3.5cm×68cm 备用。

3. 依纸型裁好贴边布。

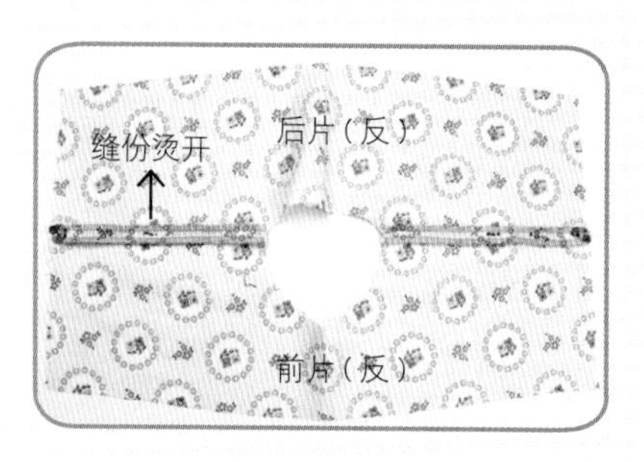

4. 前、后片各自完成拷克处理后，正面相对接合，缝份烫开。

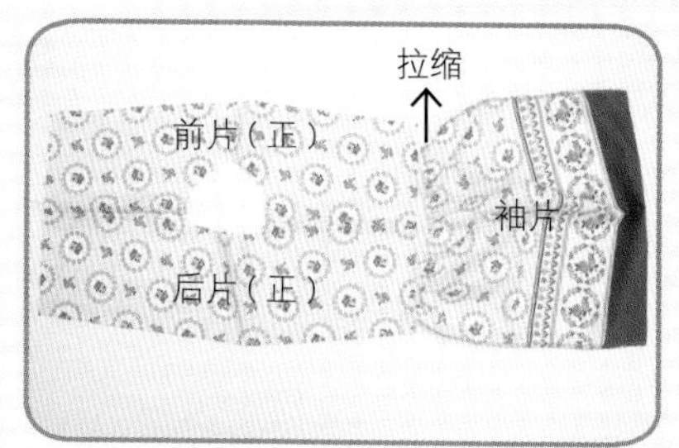

5. 将袖片上端大针车缝两条线，拉缩至与步骤 4 同宽。

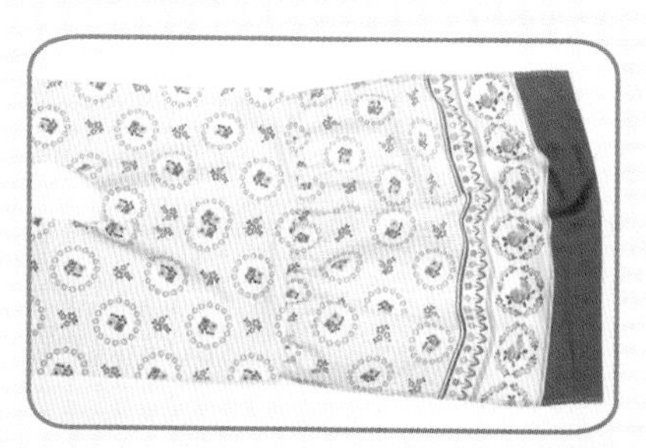

6. 接合。

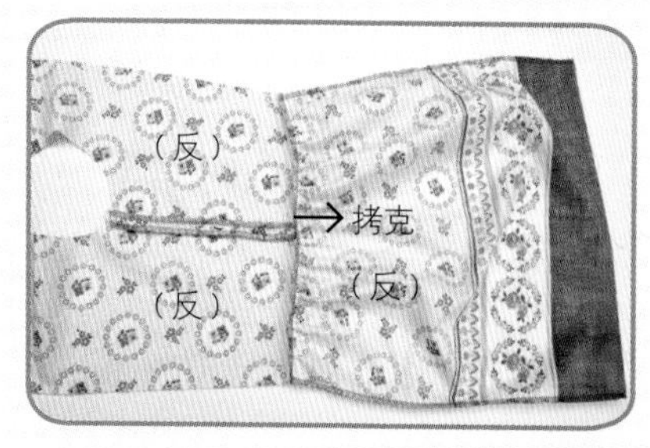

7. 翻至背面，接合处做拷克处理。另一片袖子相同做法完成。

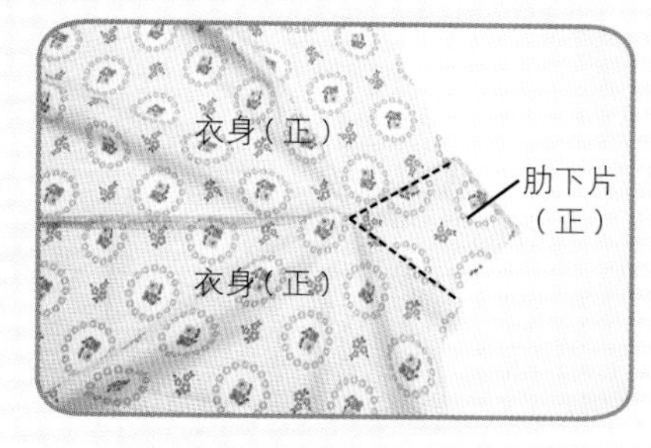

8. 2 片衣身各自与肋下片接合成 V 形。

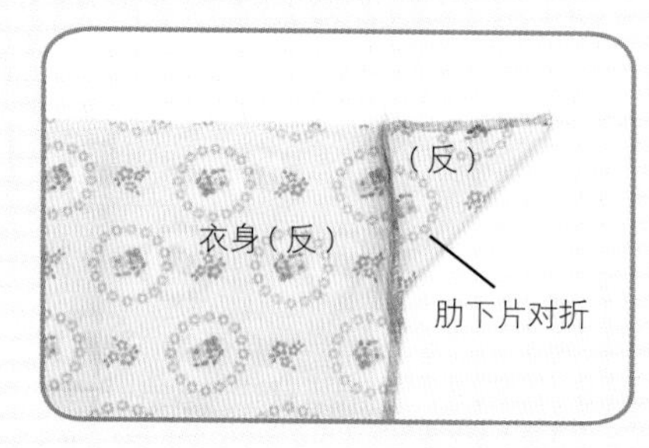

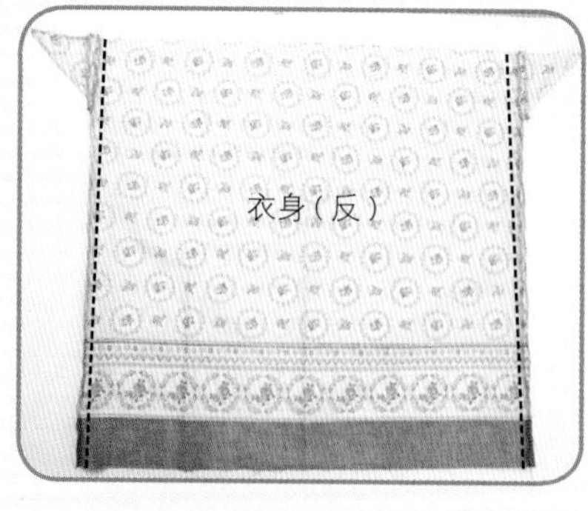

9. 再将衣身正面对正面侧边车缝。另一边相同做法，完成。

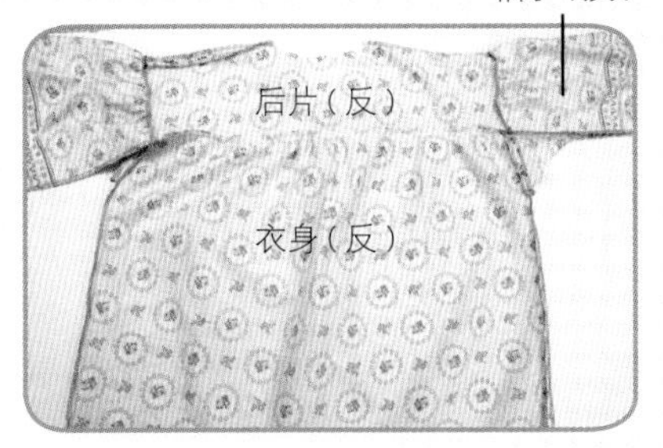

10. 步骤 9 上端大针脚车缝两条线，拉缩至与步骤 7 的前、后片同宽再接合。

11. 缝合袖子处及两侧肋边。

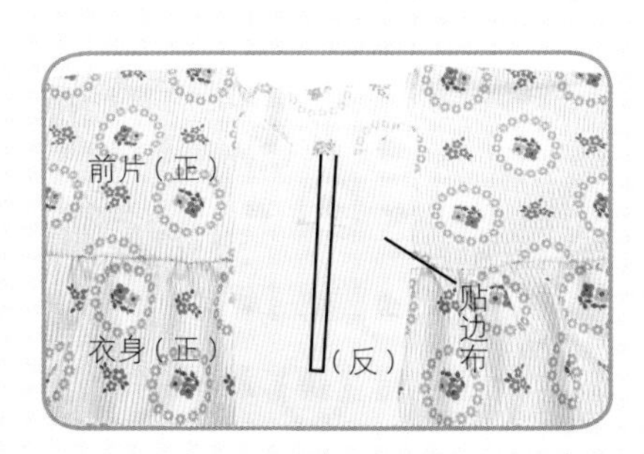

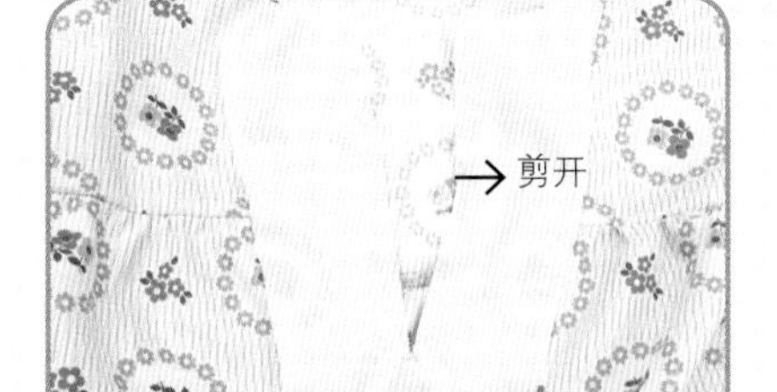

12. 贴边布中心画 0.2cm 宽 U 形记号固定于前片衣身，沿记号线车缝后，再从中间剪开。

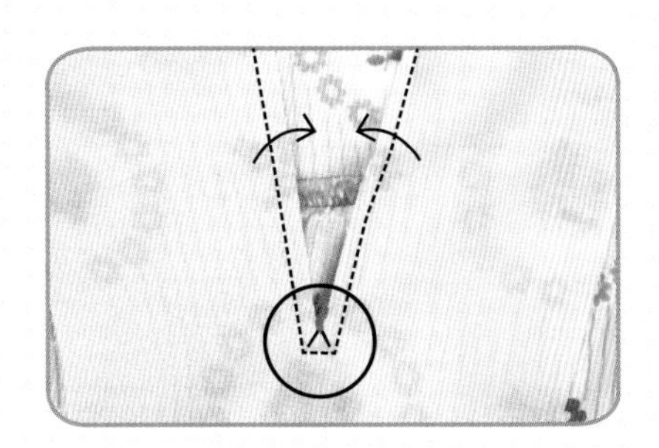

13. 前端如图剪倒 V 形的牙口，贴边布再往中心塞入，翻至正面。

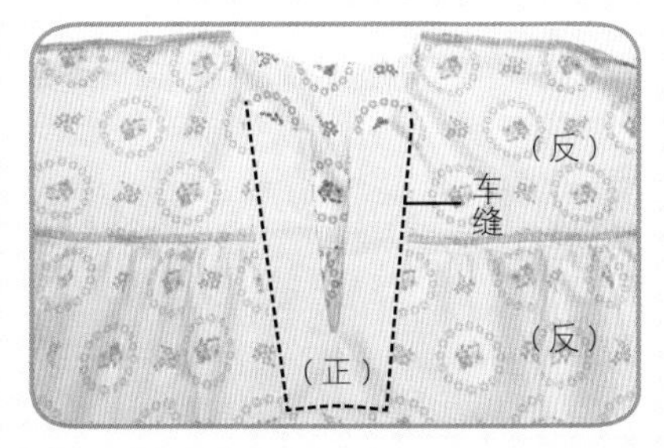

14. 翻至衣身背面，将贴边缝份往内烫折，车缝 U 形固定贴边。

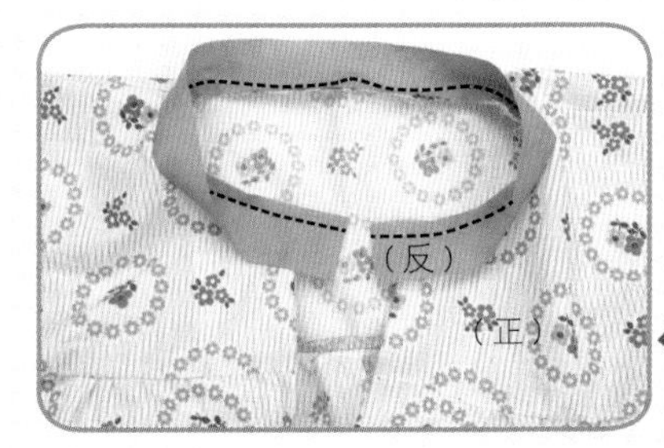

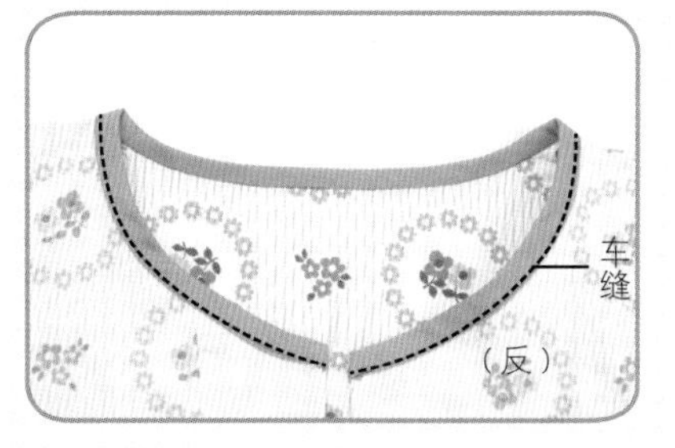

15. 将滚边素布沿领围车缝一圈后，翻至反面如图收边完成车缝处理。

16. 下摆与袖口内折车缝装饰线。

17. 完成。

P.6 龙呆茶壶套

教学示范 / 赖鹤娟老师
摄影 / Nanami　文字 / Anjing　美术设计 / 韩欣恬

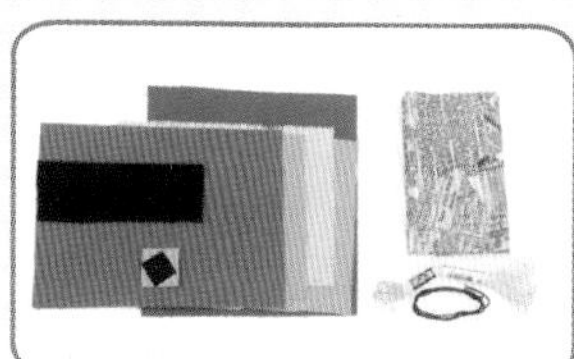

材料

* 配色布数色
* 里布
* 压线
* 铺棉

裁布

依纸型及尺寸说明裁好以下部位：

* 龙头（红色布）2 片、眼珠 2 片、须 2 片、口 2 片
* 龙腹（黄色布）2 片、配色布 2 片
* 龙身（蓝色布）2 片、配色布 2 片
* 里布、铺棉 32cm×28cm 各 2 片
* 前片（黄色布）、里布、铺棉 25cm×15cm 各 1 片
* 后片（蓝色布）、里布、铺棉 25cm×15cm 各 1 片
* 龙角 15cm×14cm

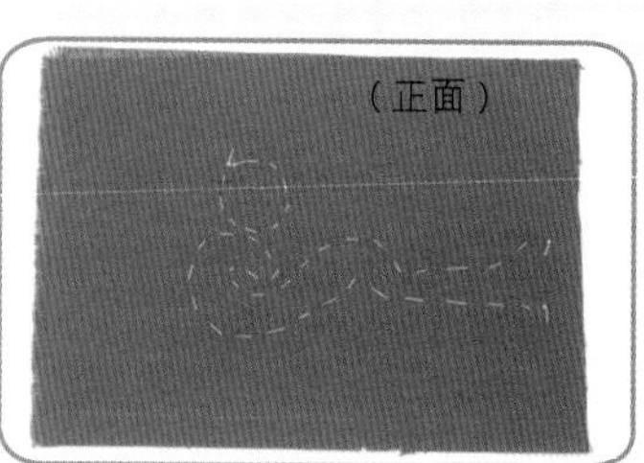

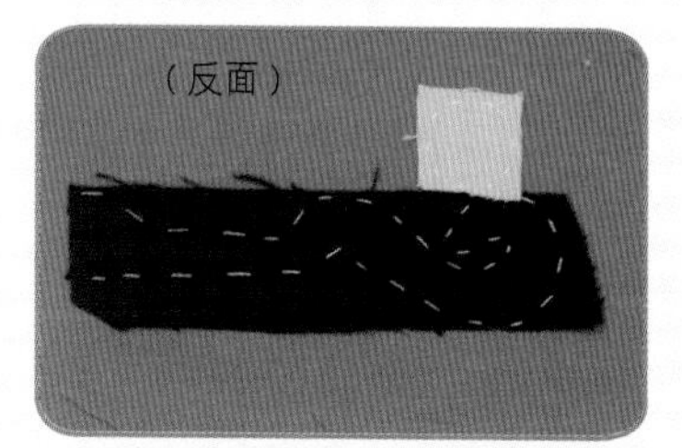

1. 依纸型在红色布上画好图案，将配色布置于反面做反贴（Mola 技法），疏缝固定。

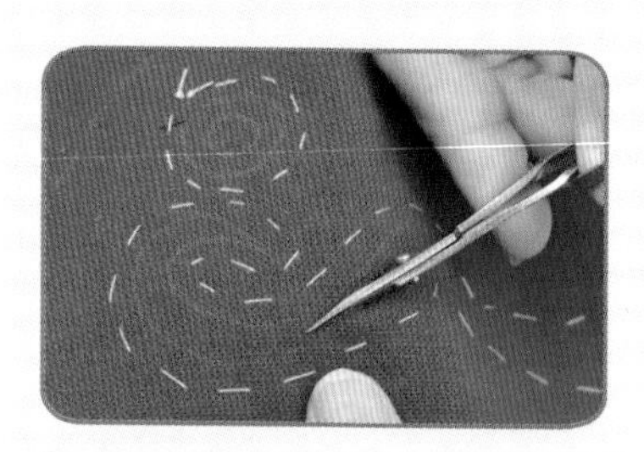

2. 沿图案的中间剪开表布（只剪上层的布），边缘请留约 0.3cm 的缝份。

3. 以贴布缝的方式将缝份折入藏针缝合。

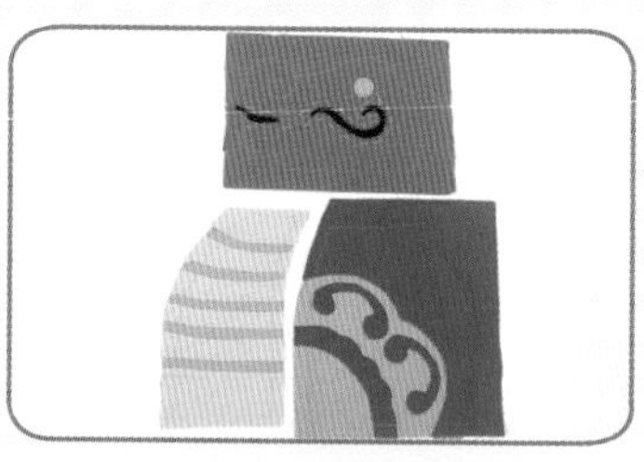

4. 依步骤 1 ～ 3 完成龙头、龙腹、龙身 3 片（另一片相同方法完成，但需左、右对称）。

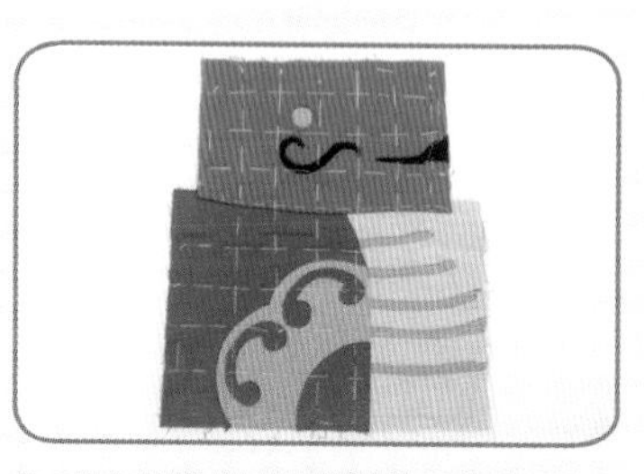

5. 将 3 片接合，加上铺棉，疏缝固定。

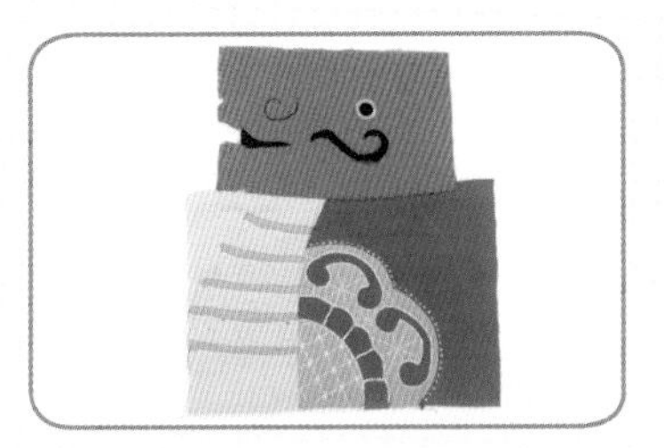

6. 贴布缝上眼珠，用绣线以锁链绣、回针绣、结粒绣压线装饰。

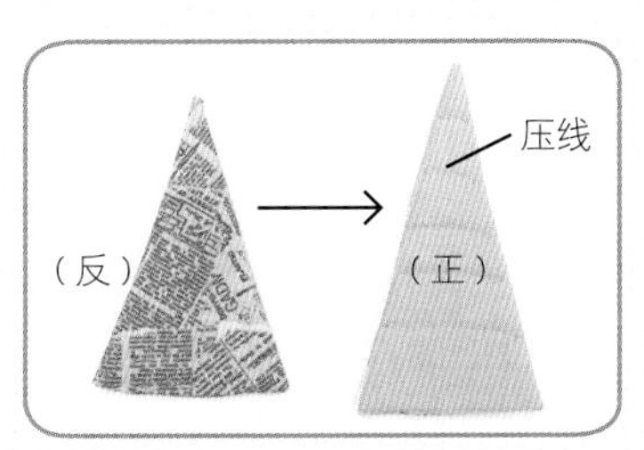

7. 侧身片表布＋铺棉与里布正面相对缝合（需留返口），翻至正面缝合返口后压线装饰。

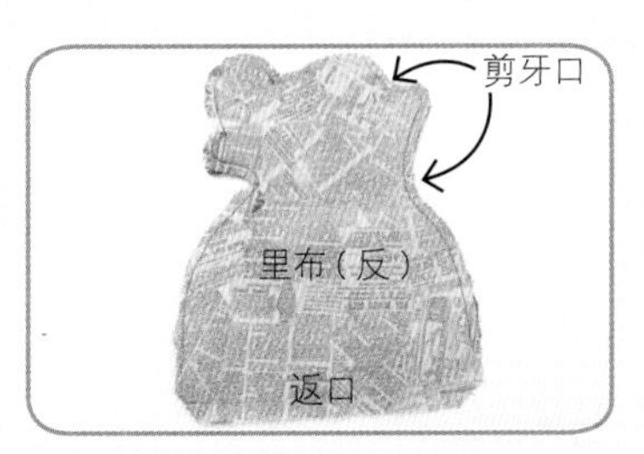

8. 步骤 7 表布与里布正面相对缝合，留下方为返口，上方弧度处剪牙口。
※ 另一片请依照上述做法完成。

9. 制作龙角：依纸型在布上画龙角图案。

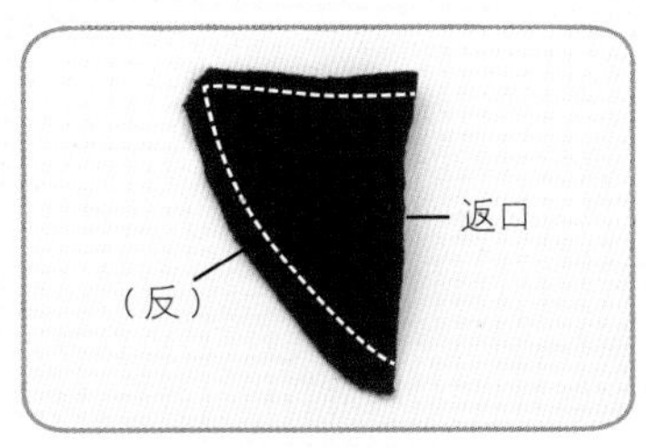

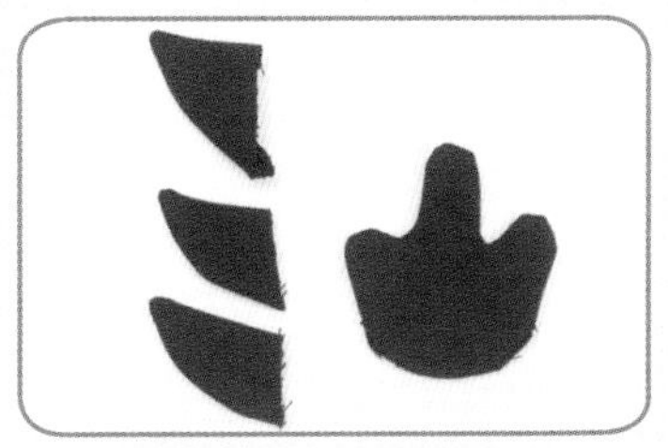

10. 剪下后，如图 2 片车缝，翻至正面。其他片相同做法完成（弧度处需剪牙口，再翻至正面）。

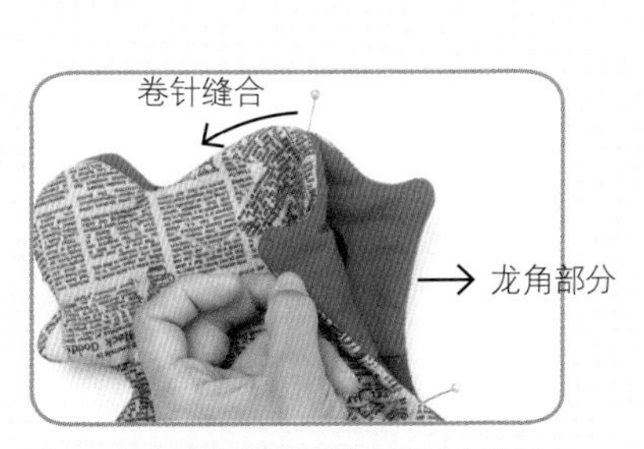

11. 表布 2 片正面相对，用珠针固定，预留龙角部分先不缝合。

12. 以卷针缝方法组合表布上方。

侧身
卷针缝

13. 将前、后侧身片各自与表布卷针缝合。

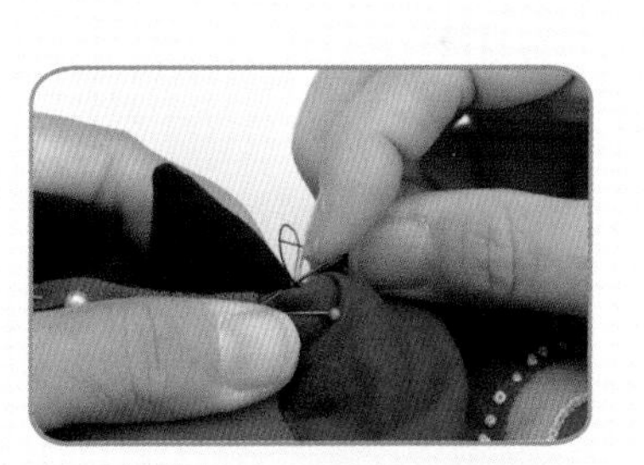

14. 将龙角先以珠针固定好再藏针缝合。

15. 完成。

P.11 书挡套

作品设计、教学示范／石碧霞老师
摄影／Nanami 文字／Anjing 美术设计／韩欣恬

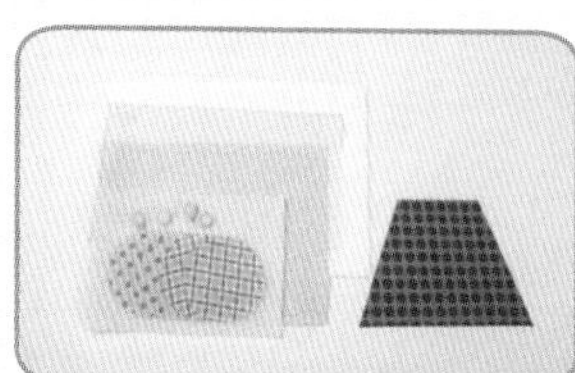

材料

＊配色布 7.5cm
＊YOYO 花布 2 色各 20cm×20cm
＊奇异衬 20cm×15cm
＊纽扣 8 颗
＊厚布衬 15cm
＊双面胶铺棉

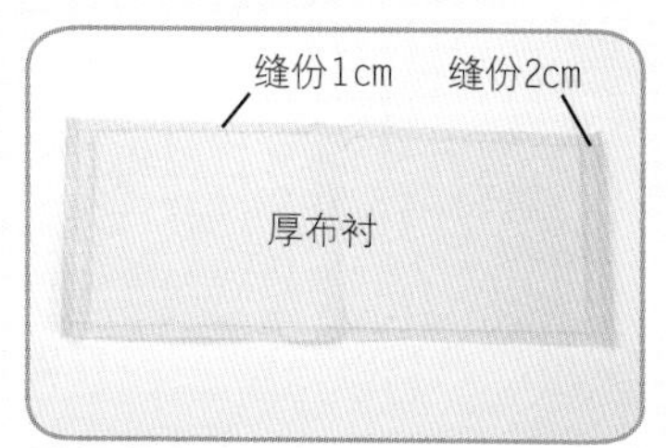

1. 依纸型裁好主体布，反面烫上不含缝份的厚布衬，如图标示留缝份。

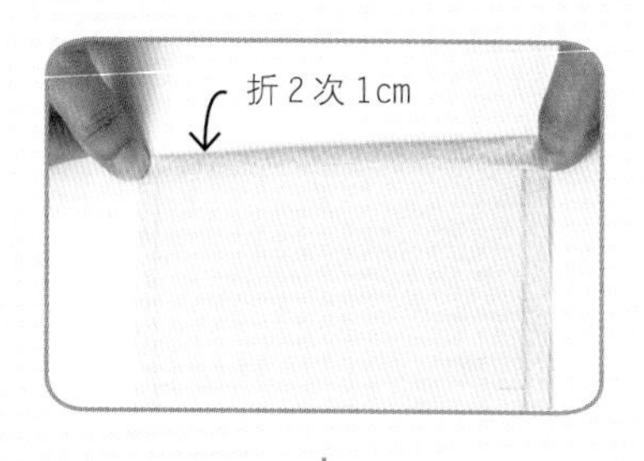

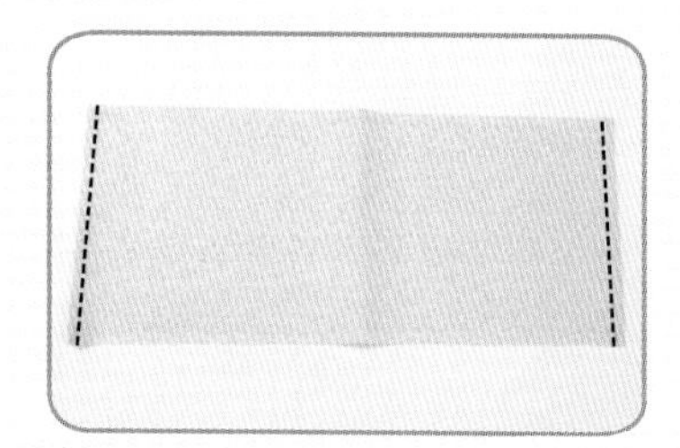

2. 将左、右端的缝份折入 1cm 后再折 1cm 烫好，车缝固定。

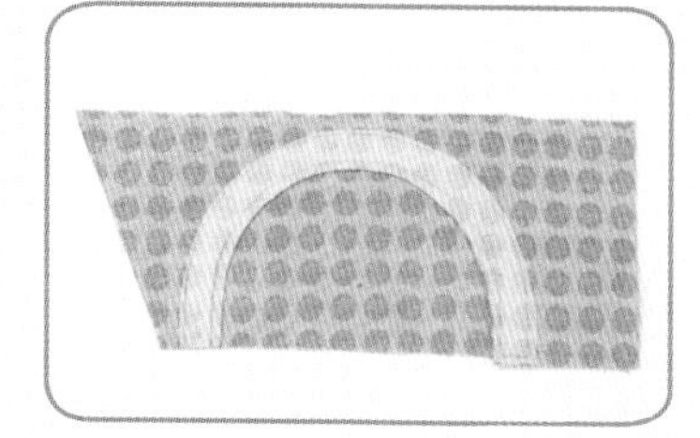

3. 在奇异衬上描好提手图形，剪下烫贴至配色布的背面。

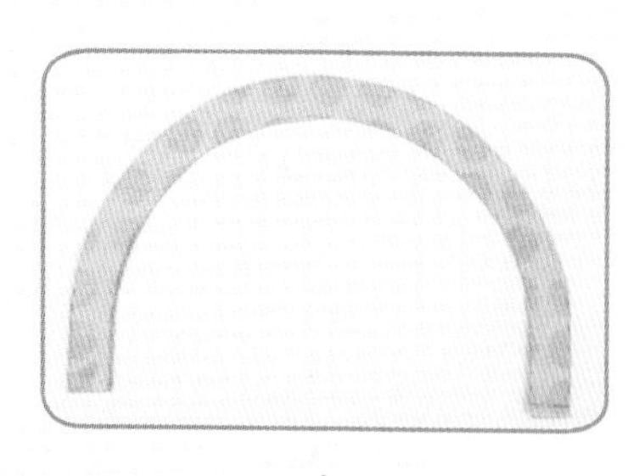

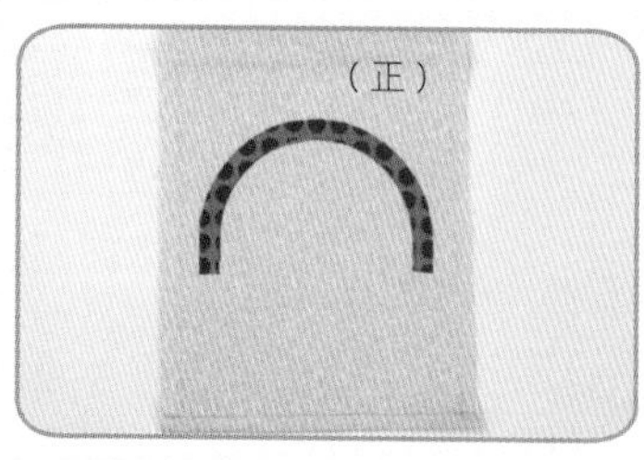

4. 剪下提手图形，先用纸型在主体布上画好提手图形的位置，将其烫贴至主体布上。

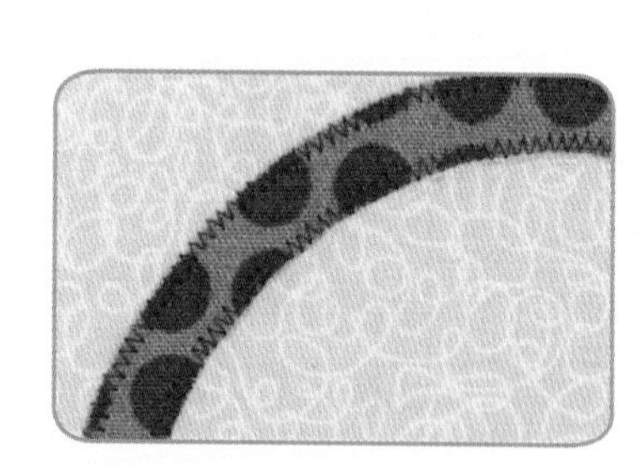

5. 边缘用锯齿形花样装饰固定。

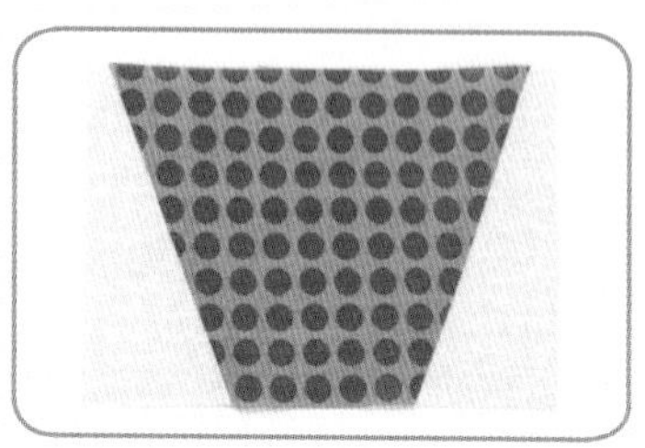

6. 口袋：篮身图形及拼接布片依纸型裁下，拼接完成。※ 缝份请倒向深色。

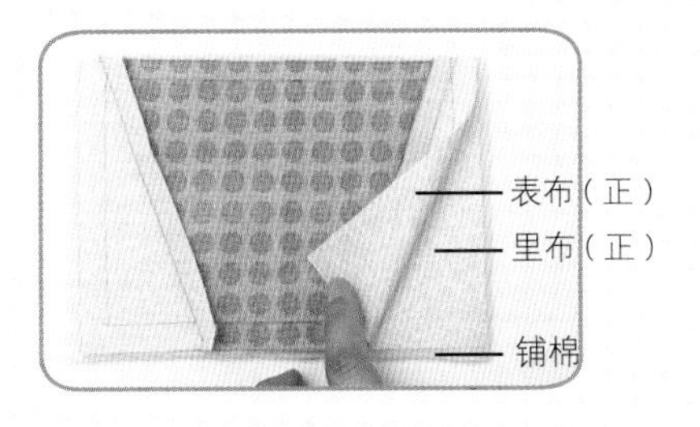

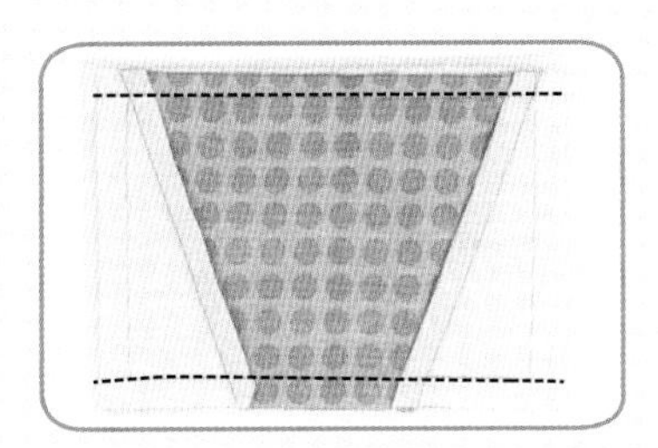

7. 步骤6＋里布＋铺棉三层一起车缝固定上、下端。

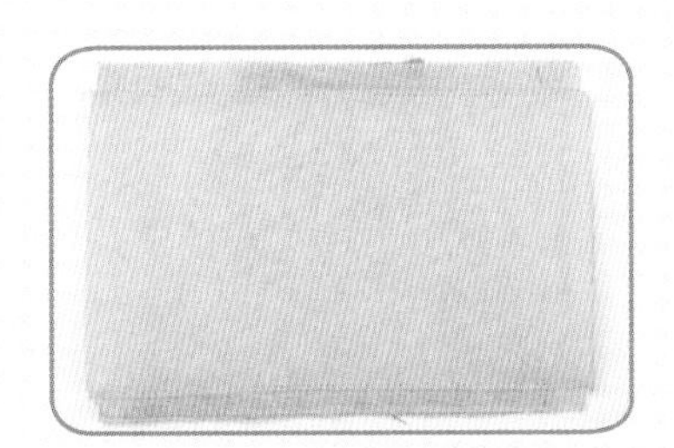

8. 修剪上下缝份的铺棉。

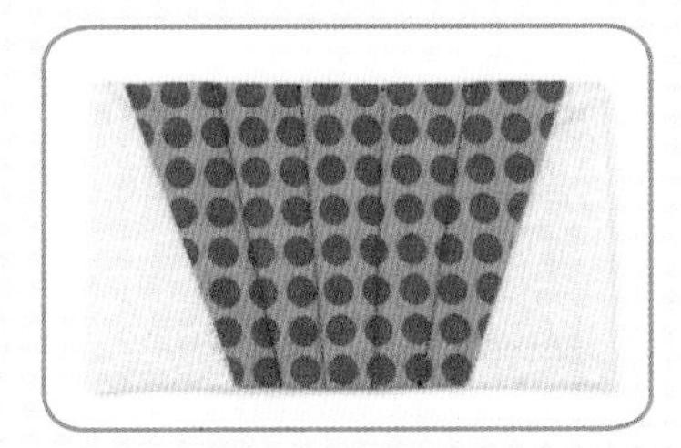

9. 翻至正面整烫后压线，完成口袋。

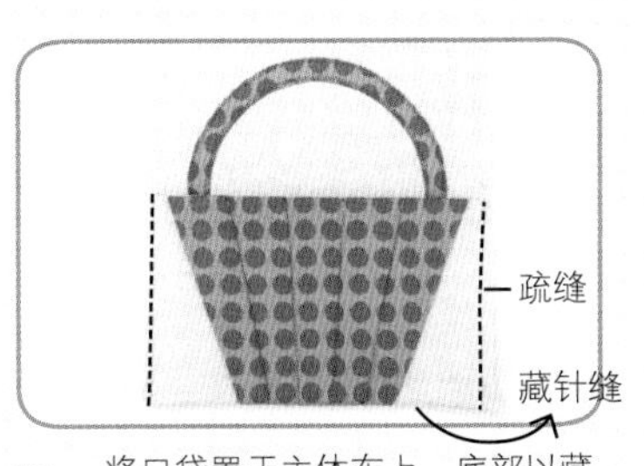

10. 将口袋置于主体布上，底部以藏针缝方法缝合，两侧疏缝固定。

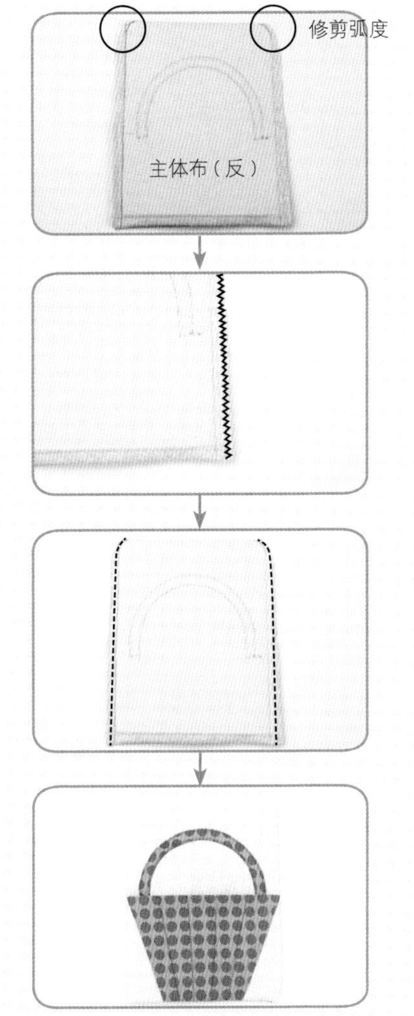

11. 主体布正面相对，对折车缝两侧，修剪上方的圆弧。再以锯齿形花样装饰毛边。翻至正面。

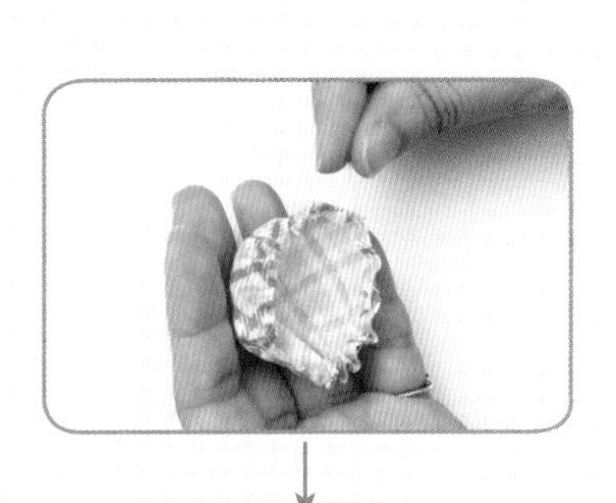

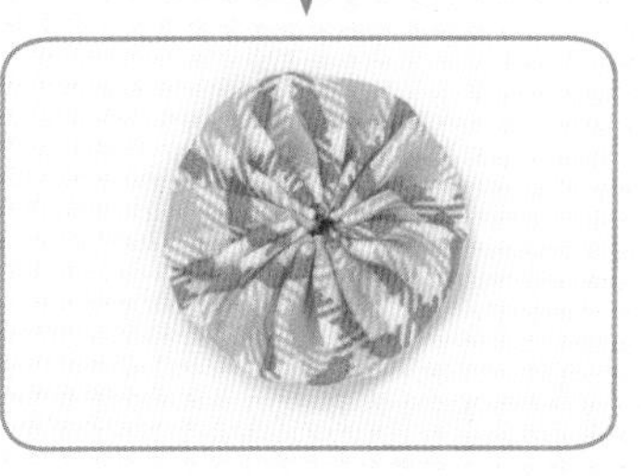

12. 制作YOYO花：裁直径7cm的圆形布片，边缘折入反面0.3cm以平针缝方法缝一圈轻拉成花朵状，最后一针与第一针需重叠，即完成YOYO花。

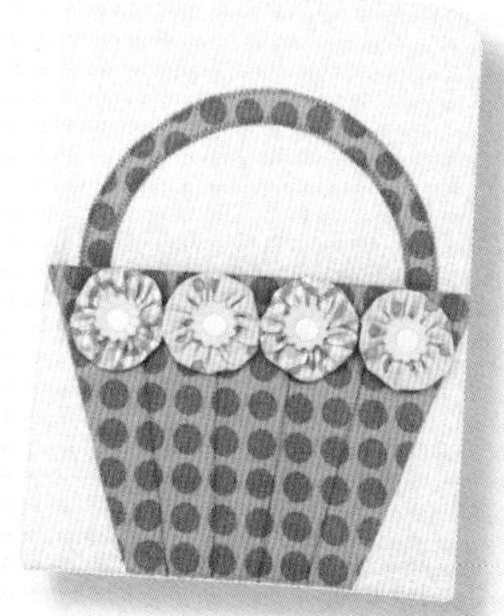

13. 将YOYO花与造型扣一起缝至篮身即完成作品。

P.19 桌上型编织笔盒

作品设计、教学示范 / 林彦君老师
摄影 / Nanami 文字 / Anjing 美术设计 / 韩欣恬

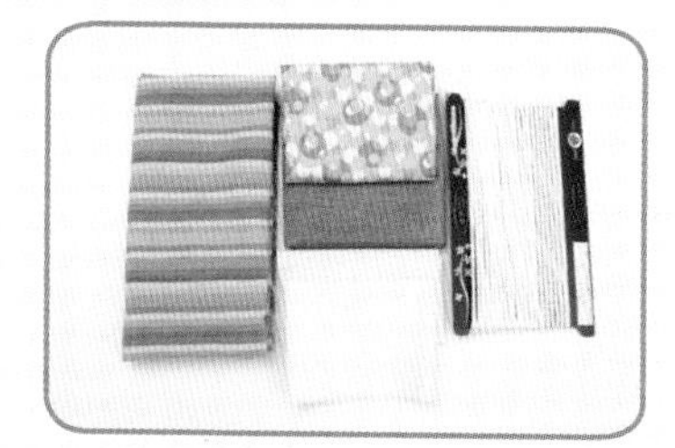

材料

* 表布（素面）60cm
* 配色布（彩色）
* 里布
* 薄布衬
* 厚布衬
* 皮绳

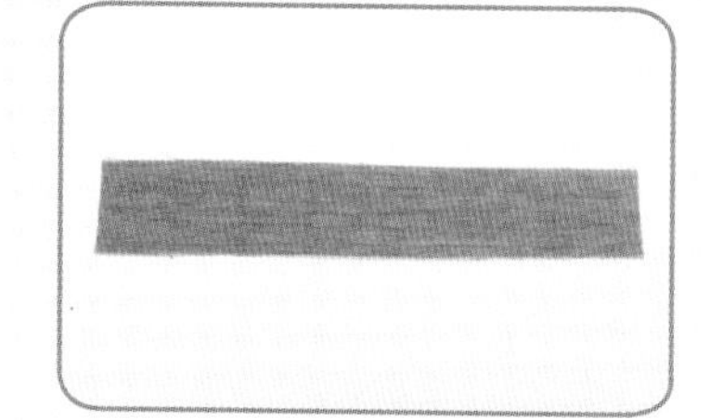

裁布条

* 裁好两种尺寸的素色布条：
* 4cm×24cm 20 条（短布条）
* 4cm×34cm 10 条（长布条）
* 请在布上先烫薄布衬后再裁布条。

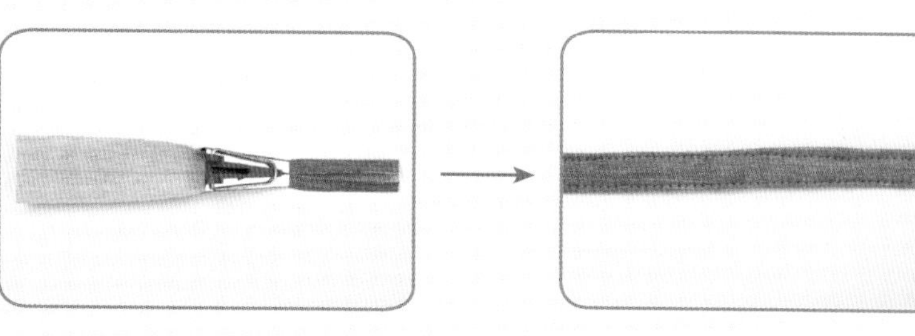

1. 用滚边器如图将布条烫折为细长条状，再对折上、下各车缝一道固定线。
※ 若无滚边器可以用尺子画成 4 等分以熨斗烫折完成。

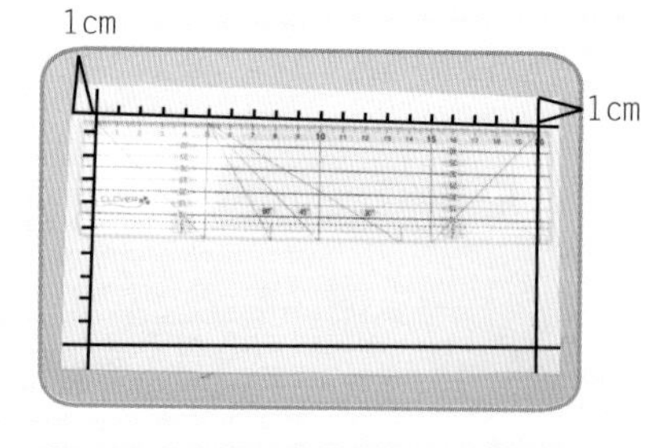

2. 裁厚布衬 10cm×20cm，在有胶面上、下侧先画出 1cm 线，再各画出 1cm 间隔线。

3. 取短布条对折用水消笔画出中心点，将纵排也找出中心点，对齐画好的 1cm 间隔线排列好后，车缝一道固定线，再将横排的短布条用锥子推入，使布条紧密。

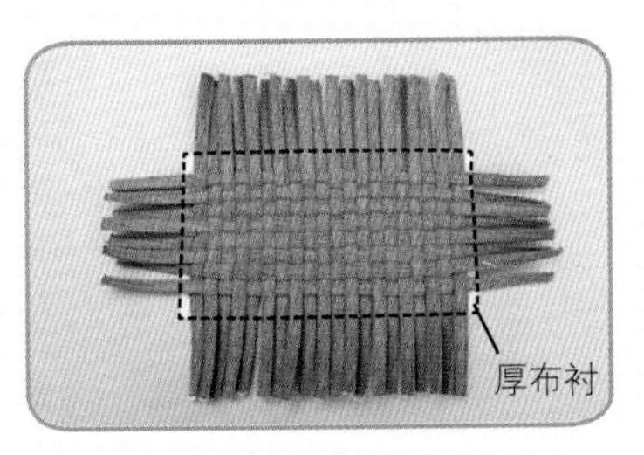

4. 编织完成如图。四边车缝固定布条。

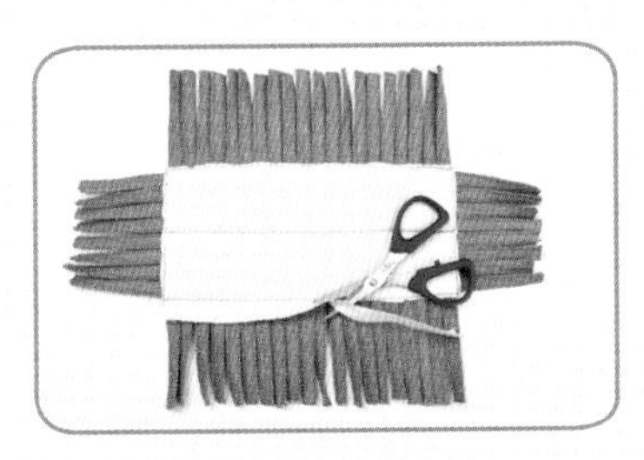

5. 翻至背面修剪多余的布衬。

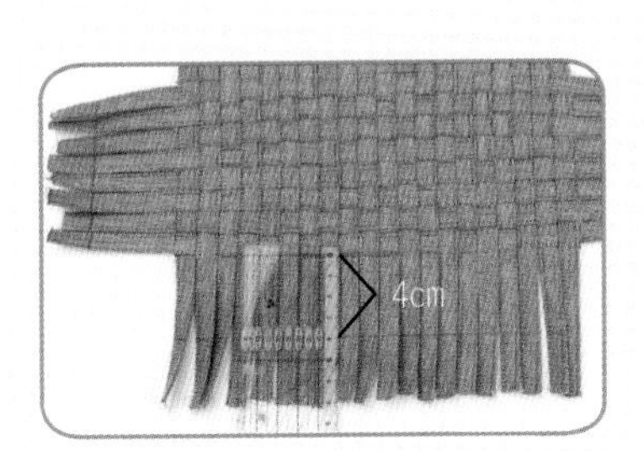

6. 从车缝线处往外量 4cm 画出记号。

7. 从转弯处开始，依着画好的记号线车缝组合成立体状。

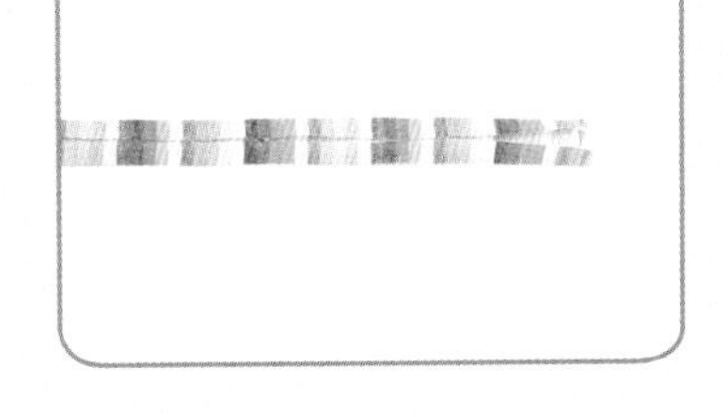

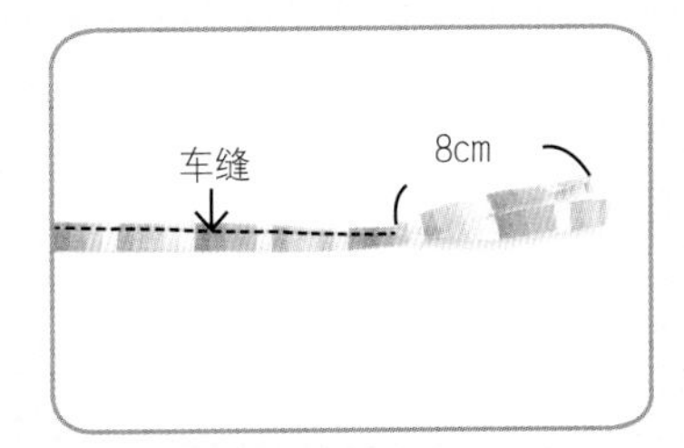

8. 裁 3 条 4cm 宽的彩色布条（尺寸请以实际组合好的盒形周长为准）。与编织布条相同做法完成，如图前、后端各留 8cm 不车缝备用。

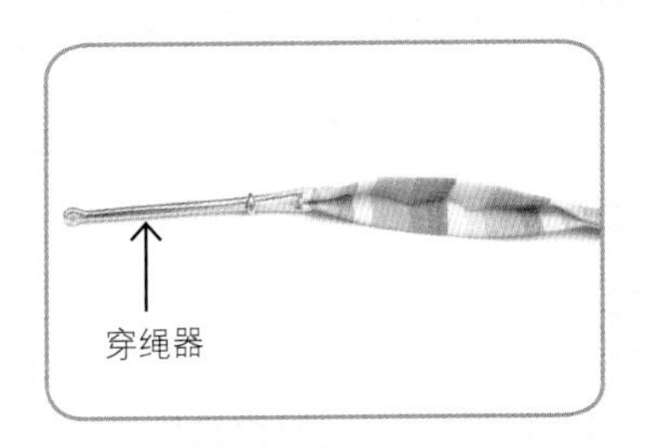

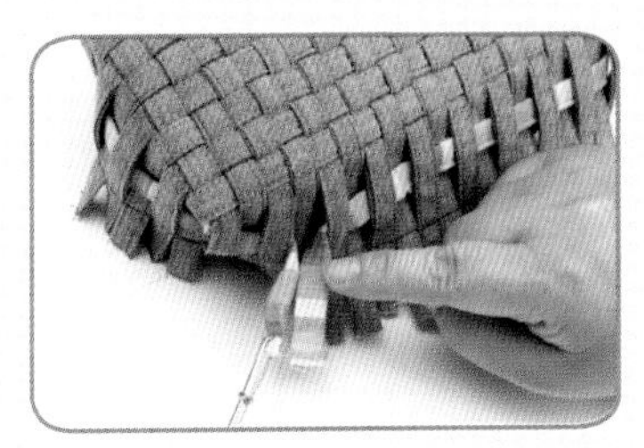

9. 使用穿绳器夹住彩色布条的前端，以编织方式穿入步骤 8。

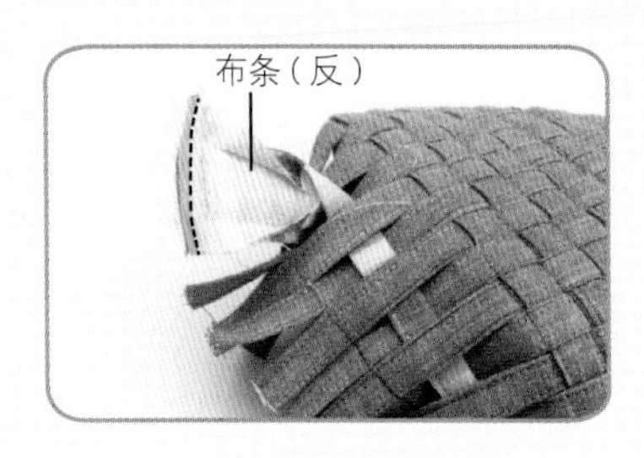

10. 将彩色布条的前端与后端正面相对车缝，缝份打开，车缝收边。其他 2 条相同做法完成。

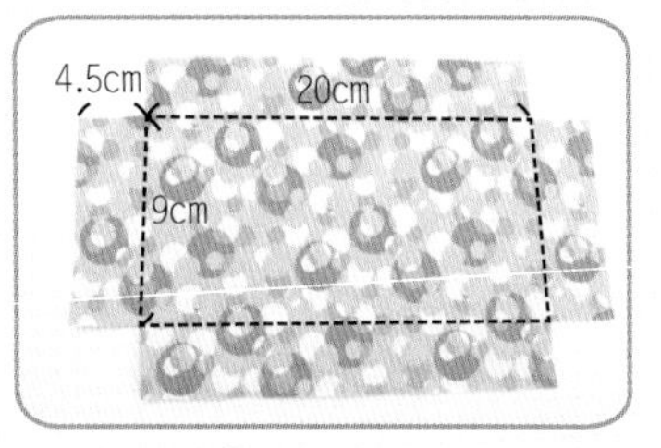

11. 裁里布：请参考标示尺寸（尺寸请以实际组合好的盒形为准），反面烫厚布衬。

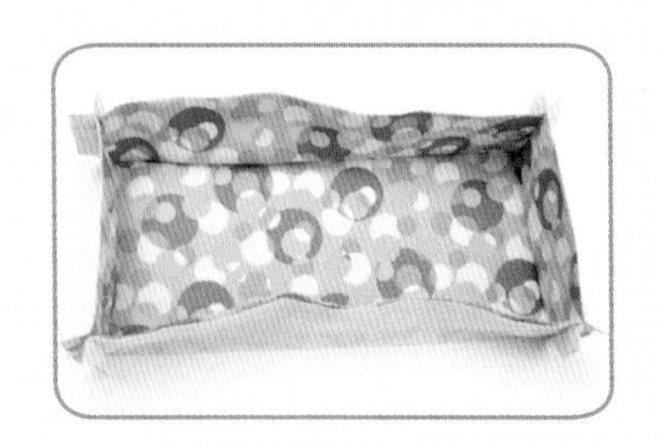

修剪边角

12. 将里布四个角如图缝合组合好完成里袋，修剪下方边角。

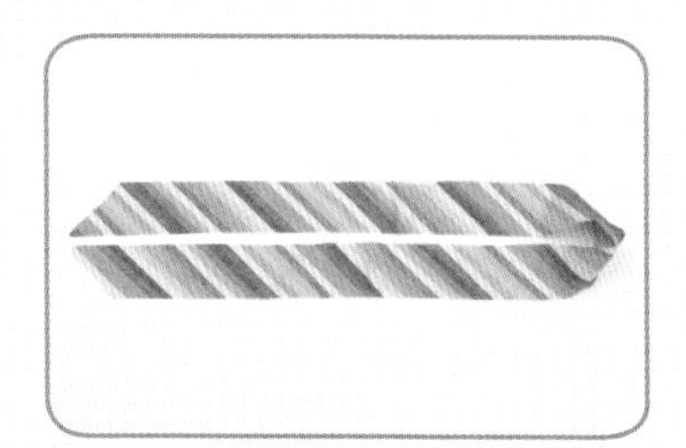

13. 裁 4cm 宽的出芽布条。

14. 里袋套入表袋内（布的反面相对），沿着盒盖的边缘（布的正面相对）车缝一道 1cm 固定线。

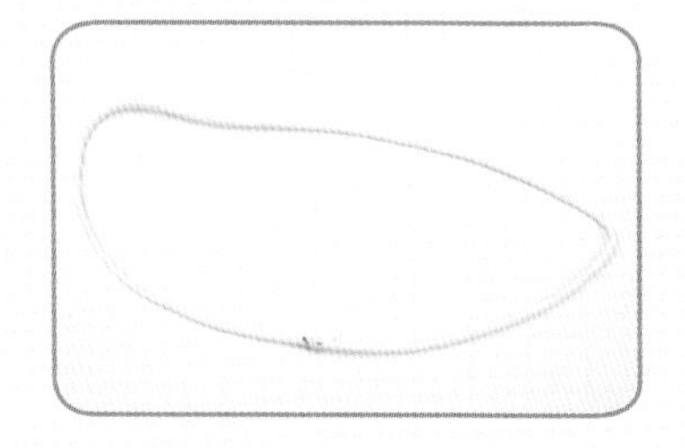

15. 准备皮绳（长度请以实际组合好的盒形周长为准）。

16. 先将皮绳的头尾接合固定。再放入步骤 14 车缝一圈固定。

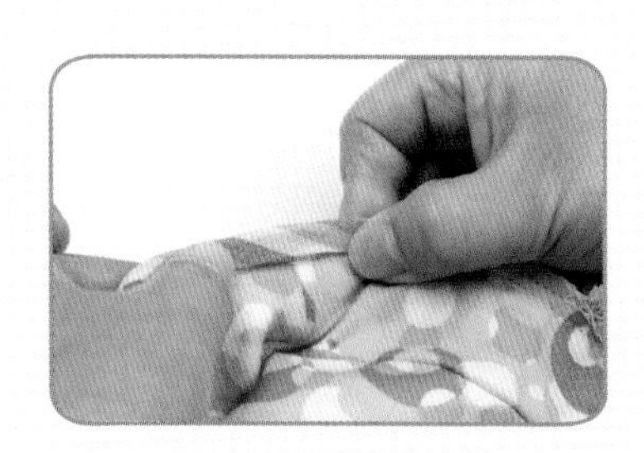

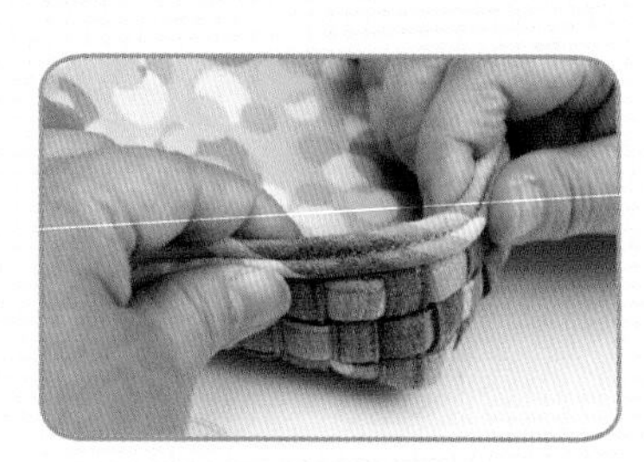

17. 布条折入里袋侧收边，车缝固定。

18. 完成图。
※ 盒身依上述编织方法完成，尺寸需比盒盖略小。请依个人需求决定是否缝上提手装饰。

P.23 随身电脑套

作品设计、教学示范 / 施佩欣老师
摄影 / Milk　文字 / Magi　美术设计 / 韩欣恬

材料

* 素麻布 15cm
* 点点布 30cm
* 配色花布 5 色　各 20cm×20cm
* 配色点点布 3 色　各 10cm×15cm
* 蕾丝（1.5cm×135cm、1cm×135cm）
* 里布 35cm×60cm
* 铺棉 50cm×60cm
* 滚边布 3.5cm×230cm
* 日本包扣直径 2.4cm4 颗
* 皮扣 1 组

图案拼接

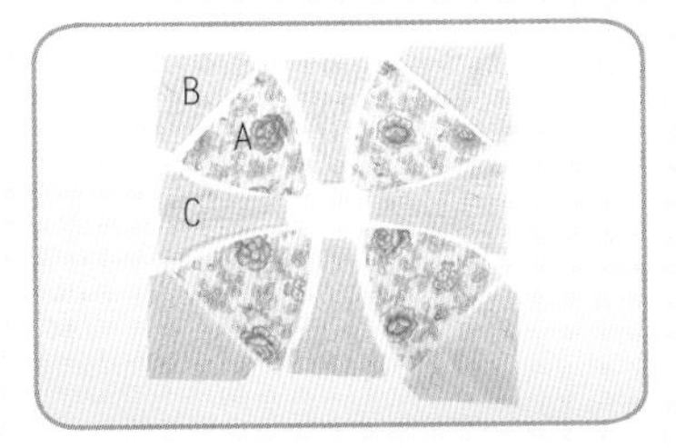

1. 依原尺寸图裁剪图案所需用布（缝份外加 0.7cm）。

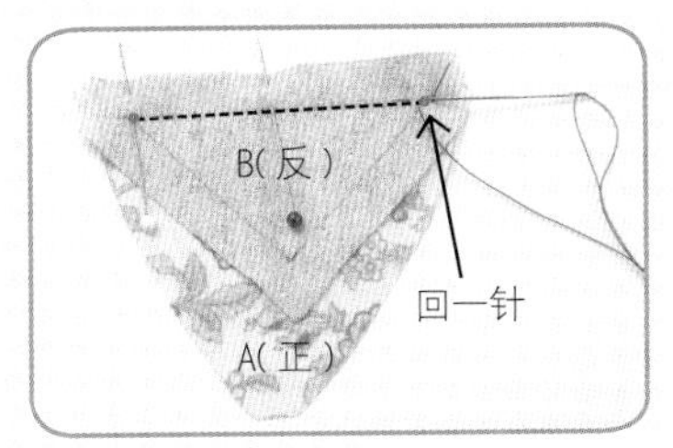

2. 如图 A、B 的 2 片布的正面相对，用珠针固定，从点的外面起针，第一针需回一针。
※ 为了让读者能清楚易懂，故使用红色的线，实际缝合时请使用与布片相近颜色的线。

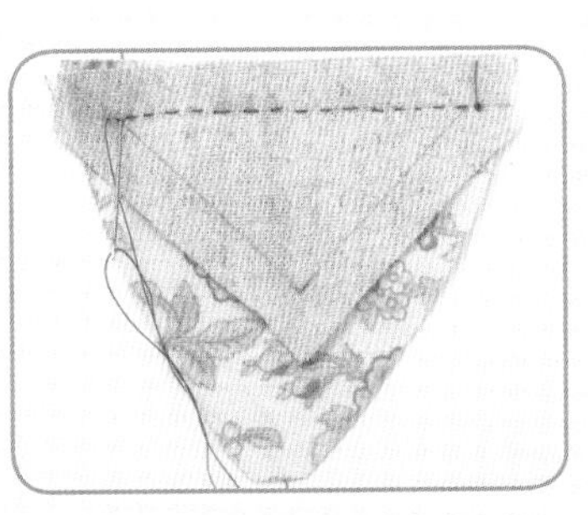

3. 最后一针也需缝至点外，再回一针。

4. 2 片打开至正面。

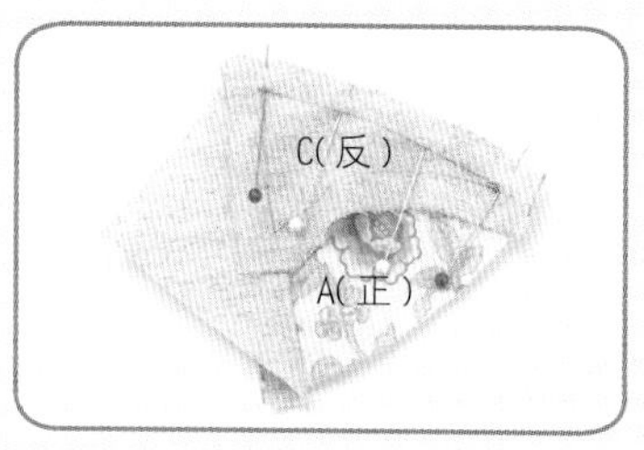

5. 拼接C片，C片与步骤4的A片正面相对，用珠针固定。

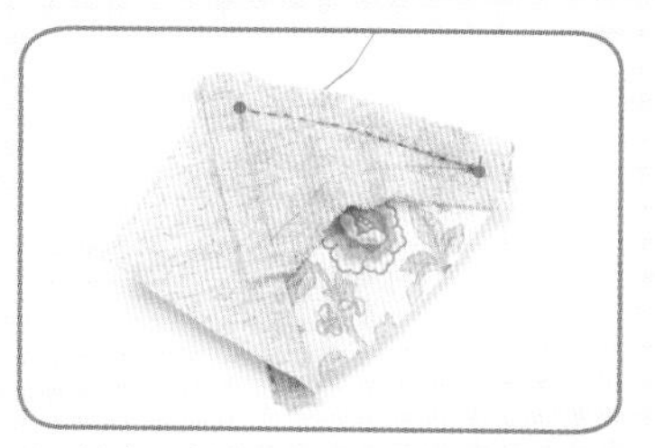

6. 缝合，但最后一针不用回针，缝至点止。

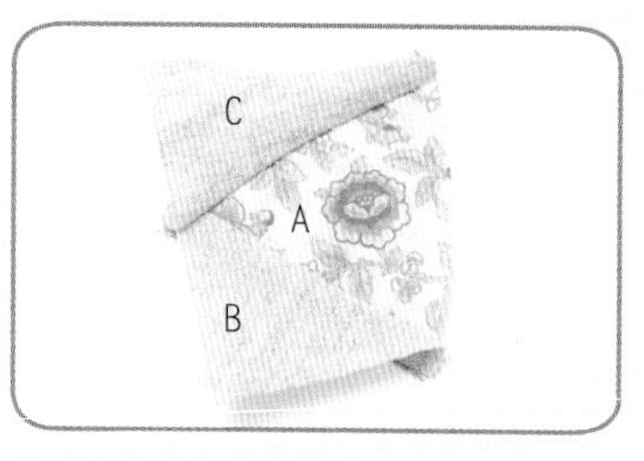

7. 打开至正面（请同步骤5～7做法完成其他3组）。

8. 如图4片各2组拼接好。

9. 2组再拼接完成图案1片（请同方法完成其他2片）。

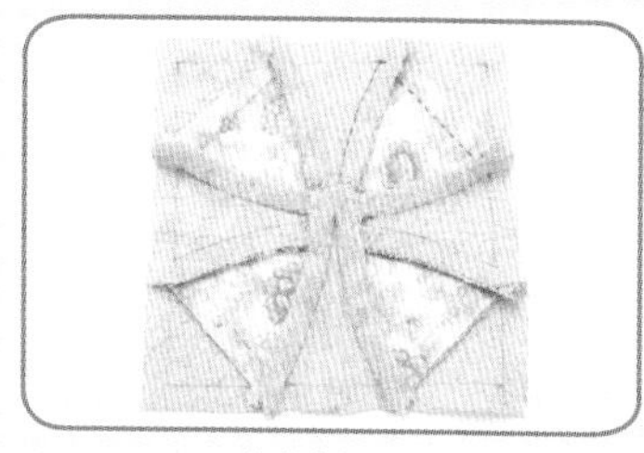

缝份倒向图

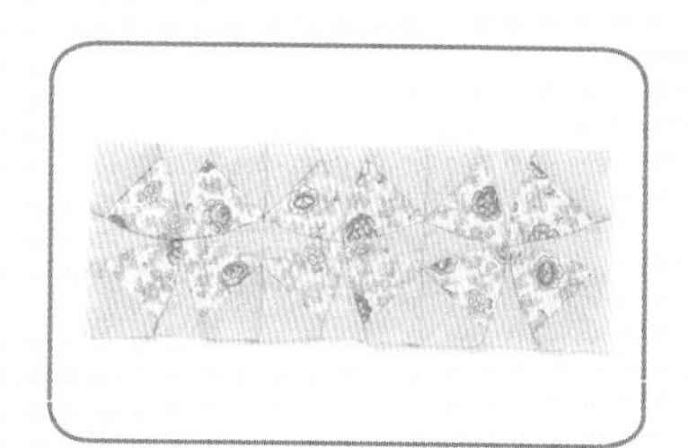

10. 3片图案拼接一起(b)。

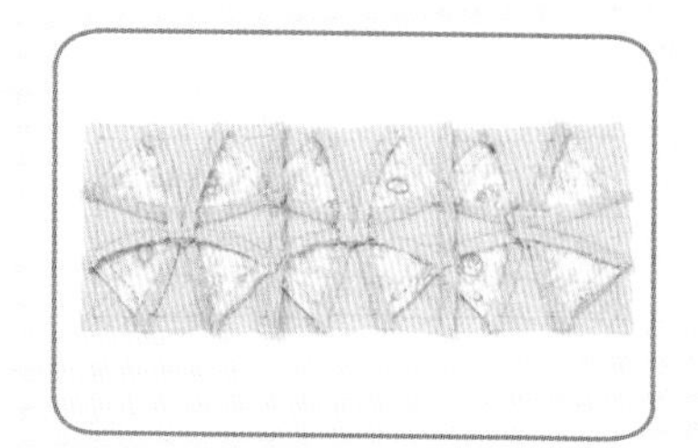

缝份倒向图

组合（单位：cm）

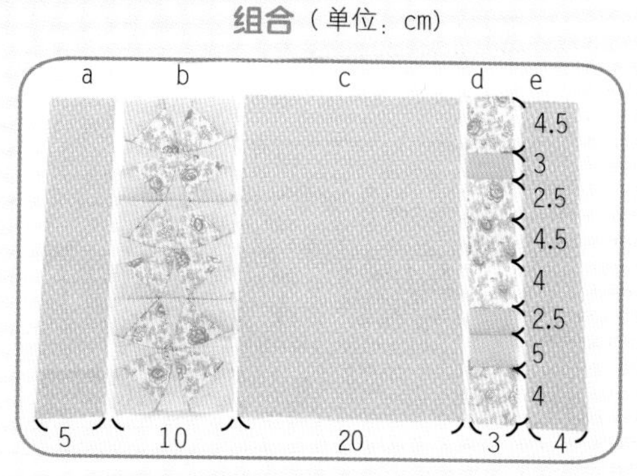

11. d组依尺寸裁剪后拼接成一长条，其他布片也依尺寸裁剪。
※ 数字为实际尺寸，裁布请外加缝份0.7cm。

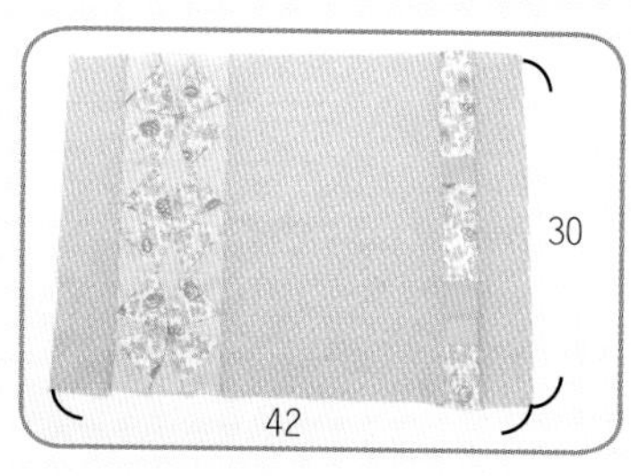

12. 拼接完成表布。

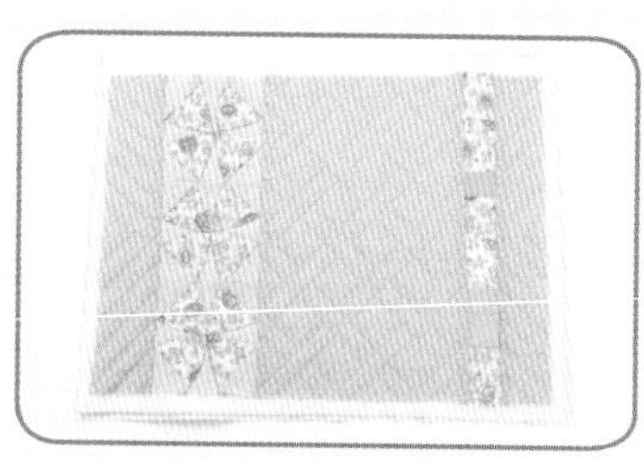

13. 步骤12的表布＋铺棉＋里布，布的反面可用布用喷胶暂时固定，再压线完成。

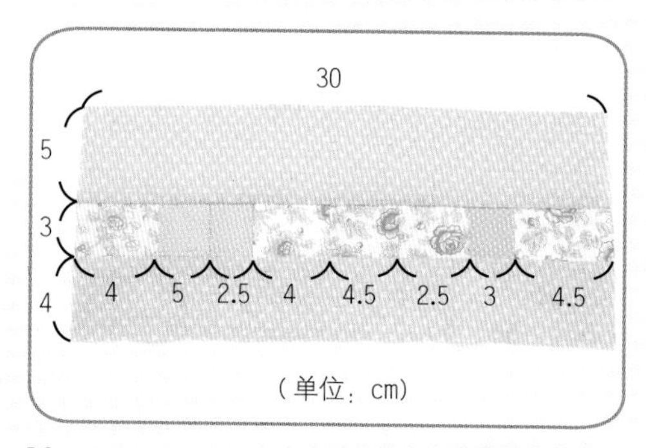

14. 内袋夹层(f)：如图拼接完成。
※ 数字为实际尺寸，裁布请外加缝份0.7cm。

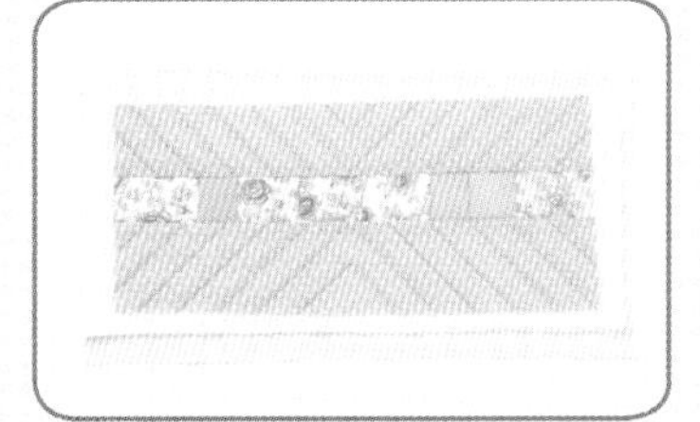

15. 内袋夹层布(f) ＋铺棉＋里布，三层压线完成。

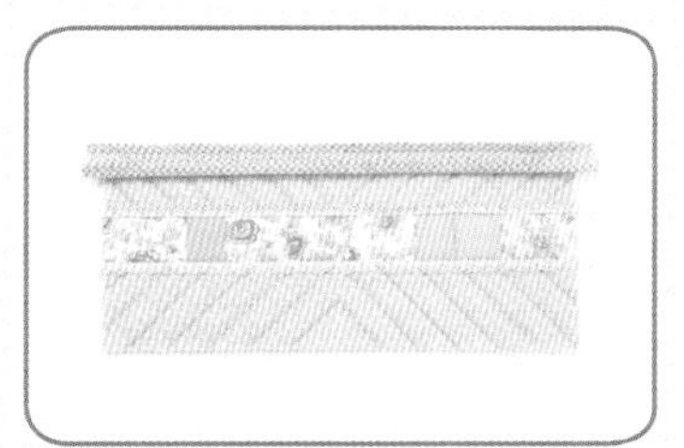

16. 裁剪 4cm×30cm 的斜纹滚边布，如图与步骤 15 内袋夹层布的正面相对，缝合一侧后再翻至后面滚边完成。

提手

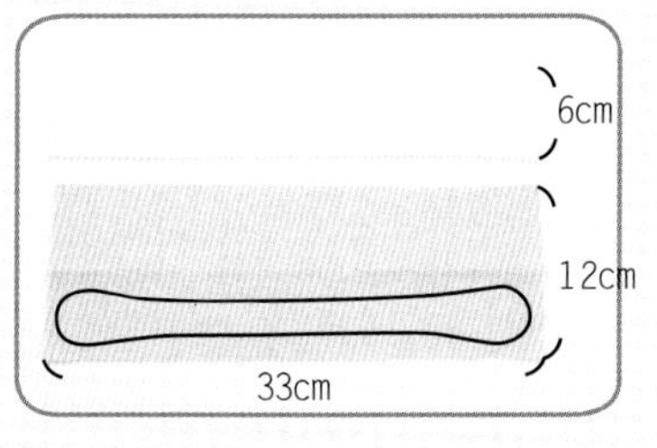

17. 如图依提手尺寸画在布的反面上，并准备铺棉一片 。

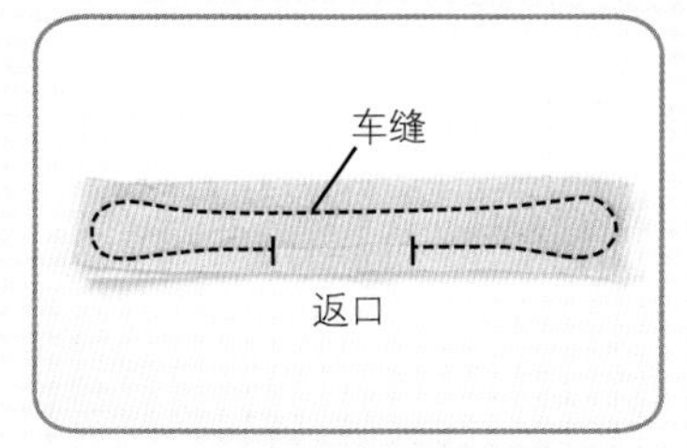

18. 布折双（正面相对），铺棉置下方，连同铺棉一起车缝一圈，下方需留返口。

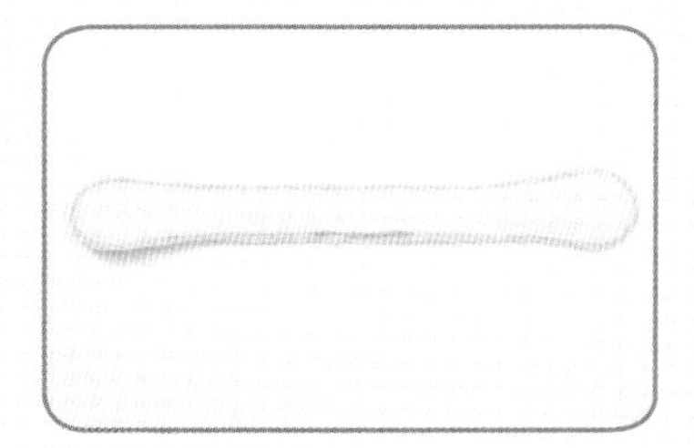

19. 修剪铺棉及布的缝份裁剩 0.5cm。

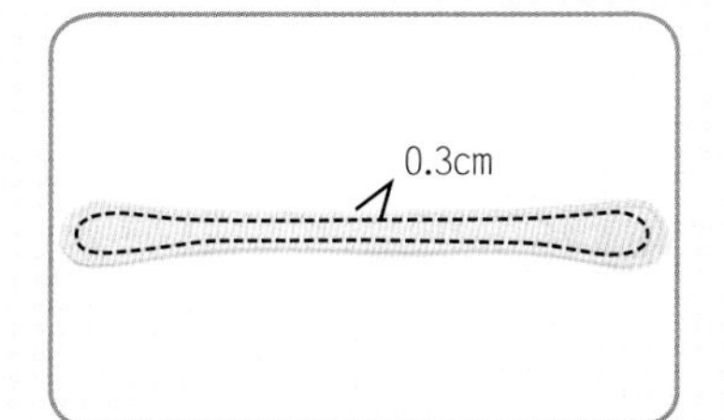

20. 从返口翻至正面，返口对针缝，四周压缝一道固定线(0.3cm)(另一片相同做法完成)。

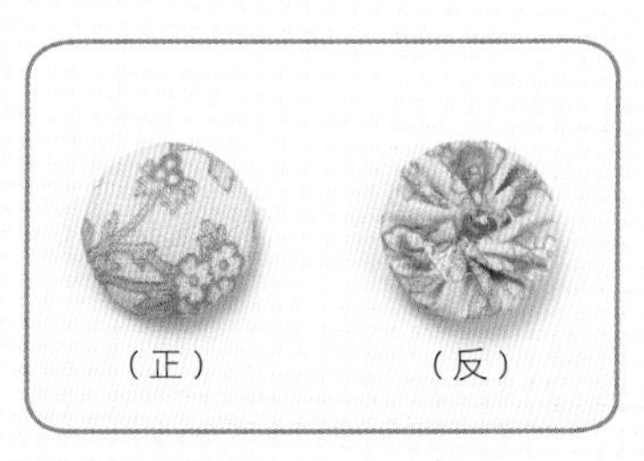

21. 裁剪圆形布(直径 4cm)2 片，如图将包扣置内缩缝完成(需完成 4 颗)。

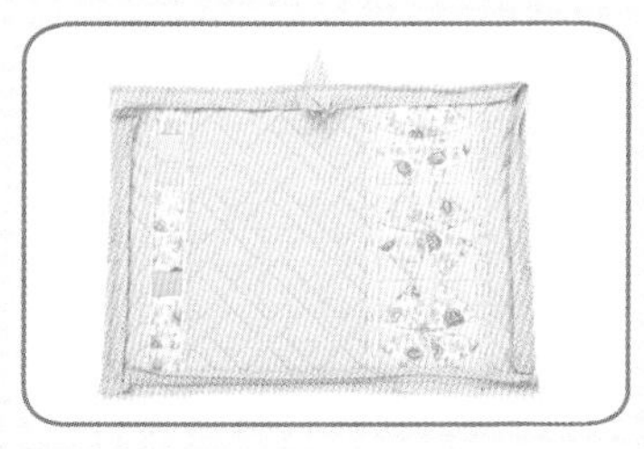

22. 裁剪滚边布 4cm×150cm，如图与表布的正面相对，缝合一圈，再翻至反面滚边完成。
※ 缝合滚边时，表布的 a 侧的后面需放上步骤 16 的内袋夹层(f)(请参考步骤 24)，再一起滚边。

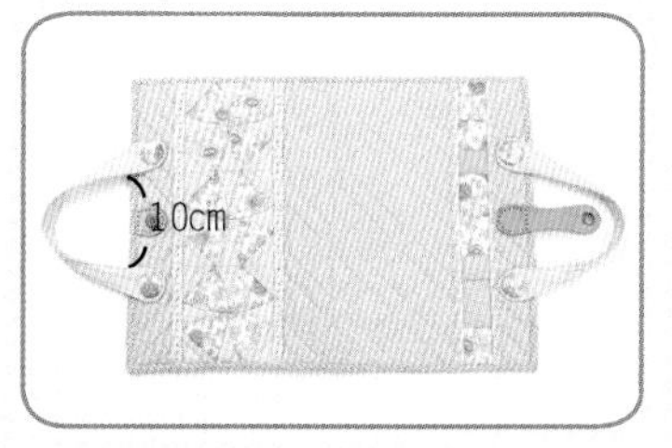

23. 将提手藏针缝合固定，上方再缝上包扣装饰，最后将皮扣缝上即完成。

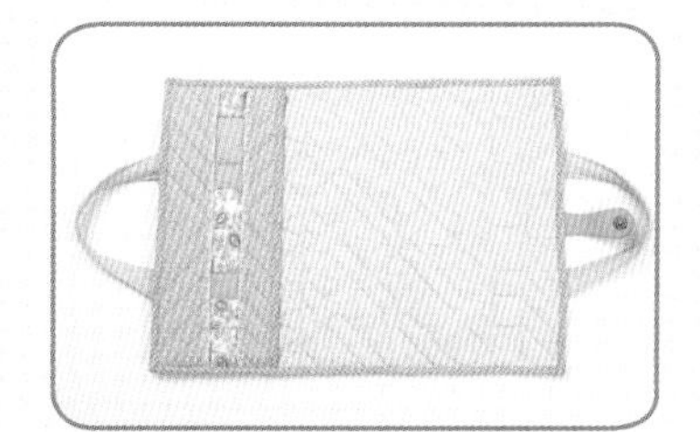

24. 摊开反面图。

25. 完成图。

巧手易 第49期
定价：38.00元

巧手易 第50期
定价：38.00元

巧手易7年精选拼布作品集
定价：45.00元

巧手易 第46期
定价：38.00元

巧手易 第47期
定价：38.00元

巧手易 第48期
定价：38.00元

巧手易 第42期
定价：38.00元

巧手易 第43期
定价：38.00元

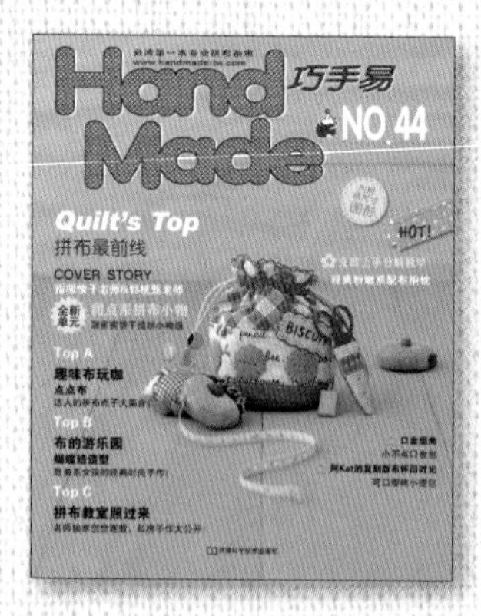

巧手易 第44期
定价：38.00元

巧手易 第45期
定价：38.00元

巧手易 第38期
定价：38.00元

巧手易 第39期
定价：38.00元

巧手易 第40期
定价：38.00元

巧手易 第41期
定价：38.00元

一缝就成的拼布小物
定价：25.00

一缝就成的拼布小物 2
定价：25.00

精品手工书

Shinnie 的布童话
定价：30.00 元

布只是时尚
定价：33.00 元

基础拼布小字典
定价：10.00 元

Shinnie 的手作兔乐园
定价：33.00 元

好可爱拼布
定价：33.00 元

拼布创意My布玩
定价：33.00元

超可爱贴布缝的童话王国
定价：30.00 元

风华绝袋 悠游机缝拼布
定价：33.00 元

我的机缝拼布旅行簿
定价：33.00 元

庭园日常·装饰杯垫

可爱的小蜻蜓，在花丛里飞来飞去，
玩得不亦乐乎。茶香四溢相伴，
淡淡写下庭园日常。

内附示范图案

将刺绣杯垫缝上扣子扣成一串，
可作为居家挂饰来使用。
或者是缝在素雅的布作包上，
简约又大方。

协助教学、制作、图案提供 /
户塚刺绣台北支部 福本晓代老师
作品欣赏提供 / 黄玲瑜老师
情境摄影 / 萧维刚
教学摄影 / Nanami
文字 / 黄璟安
美术设计 / 韩欣恬

完成尺寸：约9.5cm × 15cm(杯垫)
作品尺寸：约80cm × 64cm(刺绣门帘)
约100cm × 50cm(刺绣桌巾)
约36cm × 20cm × 16cm(袋物)

作品欣赏

植物盆栽门帘

每天出门上班，
你亲手绣的门帘，
轻轻拂过我脸颊，
微微飘散着的鼠尾草香气，
像是提醒我记得早点回家。

作品欣赏

刺绣花窗·装饰桌巾

一杯清爽的柑橘红茶，
一份微焦的牛油吐司，
舒服又自在的轻音乐，
陪我度过假期的读报早晨。

材料

刺绣针、水消笔、各色彩色绣线（颜色依个人喜好选择）、古布、绣框

女郎花：扣眼绣的应用

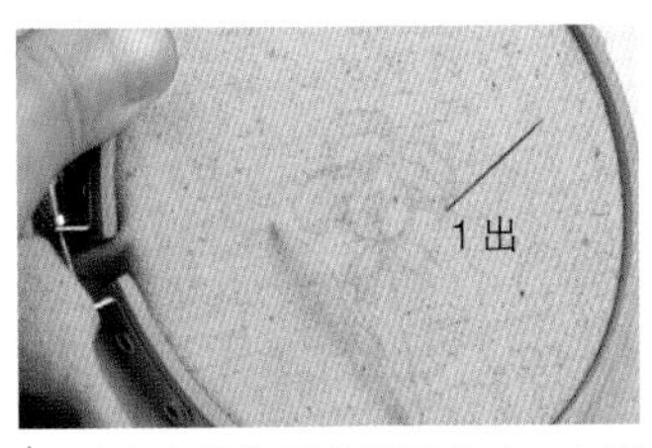

1.以水消笔将图案画于布上，如图从花的边缘1出。

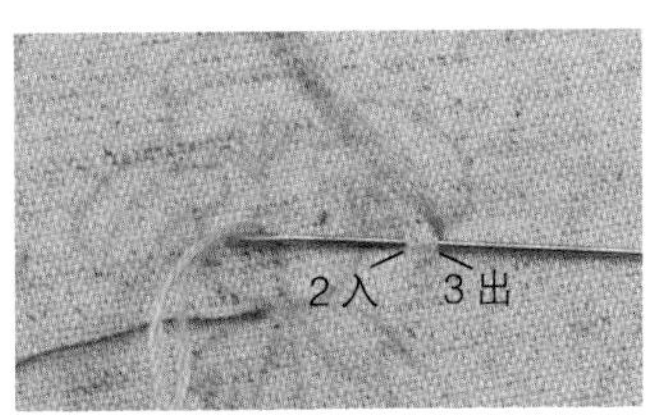

2.2入→3出(从1出处)。

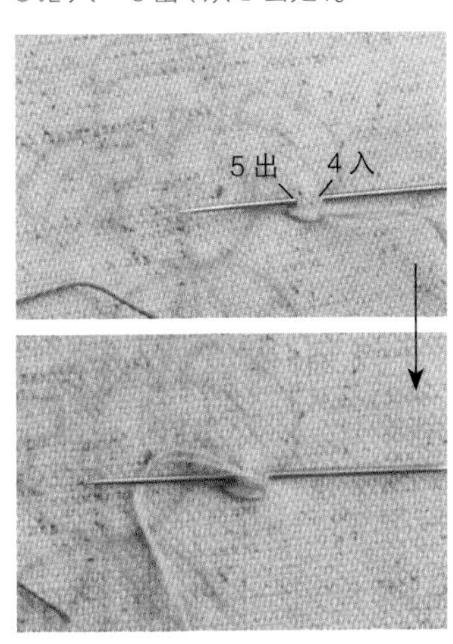

3.4入→线绕至针下方→5出。

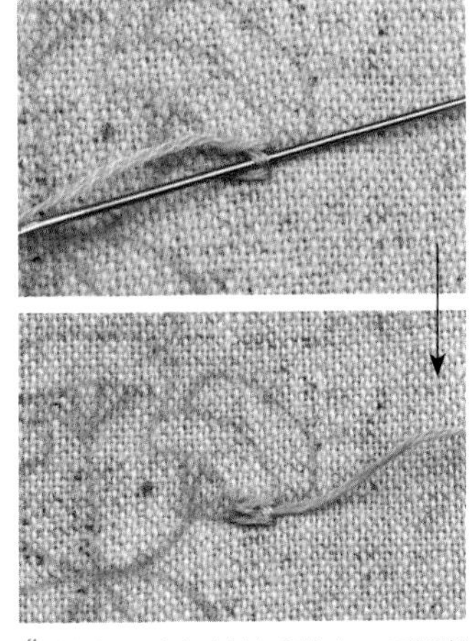

4.针穿入中间的结后拉出，不要拉太紧。

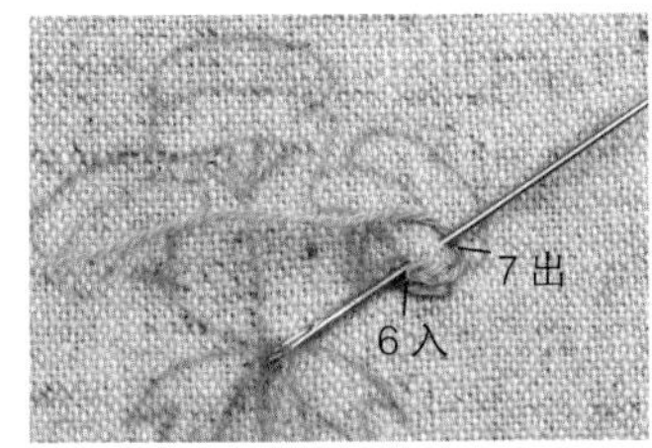

5.6入，留一点点空再7出，线绕至针下方。

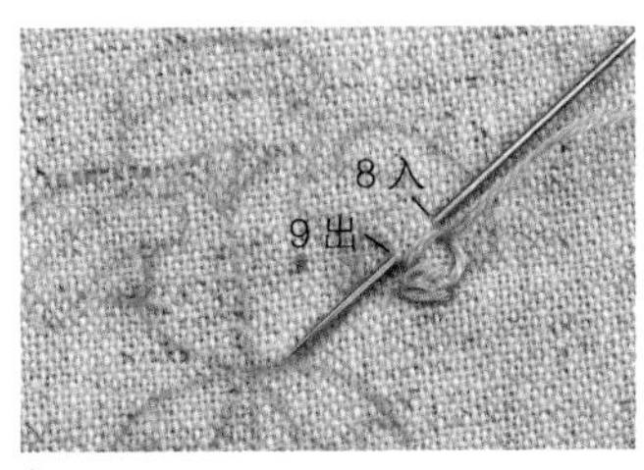

6.8入→9出。

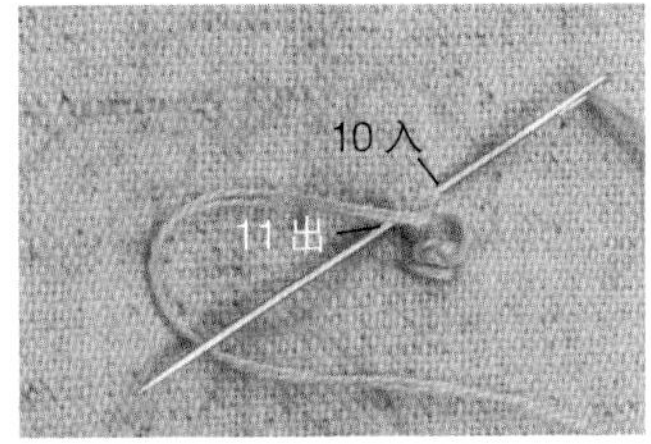

7.10入→线绕至针下方→11出。

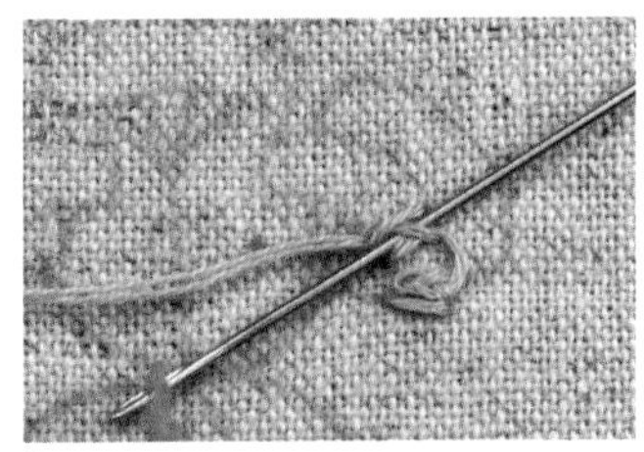

8.将线穿入交叉处。

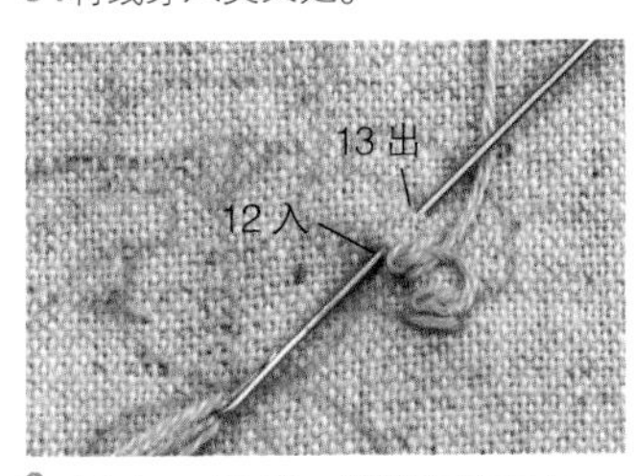

9.12入→13出→线绕至针下方。

10.依上述做法完成花瓣。花托：直线绣，叶子：叶脉绣。
※ 请参考NO.50期做法。

芒草：回针绣＋穿线绣

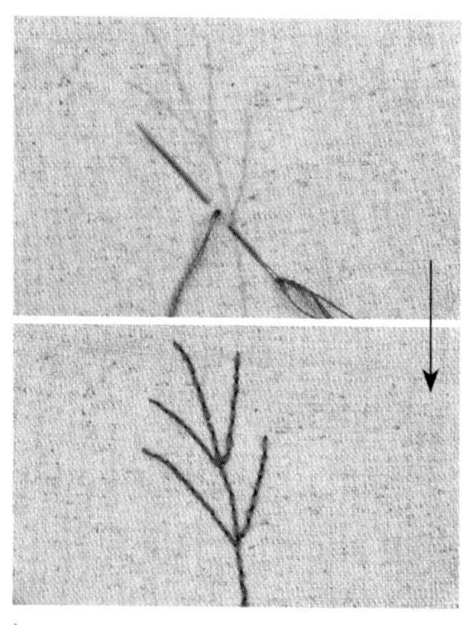

1.芒草的枝干请先以回针绣方法绣好。

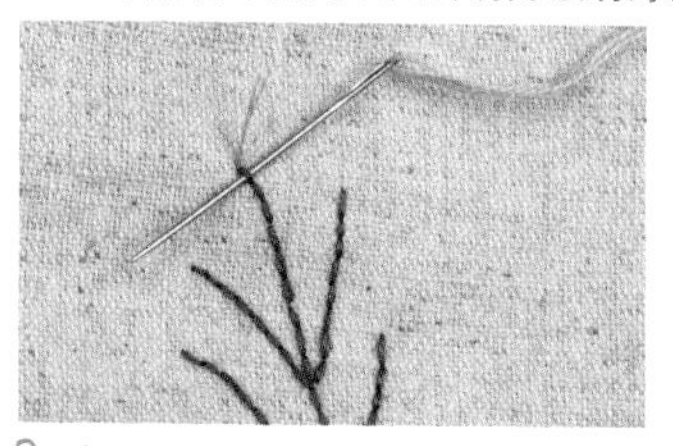

2.换灰色的绣线，从顶端出针。如图穿入针目内。

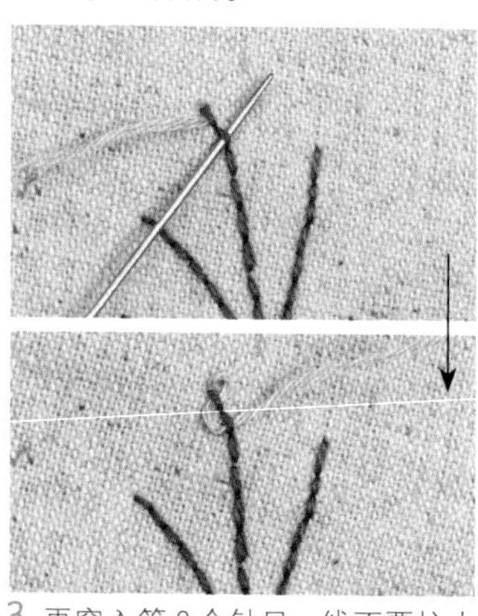

3.再穿入第 2 个针目，线不要拉太紧，如图留一些线段，做出如同波浪曲线般的图案。

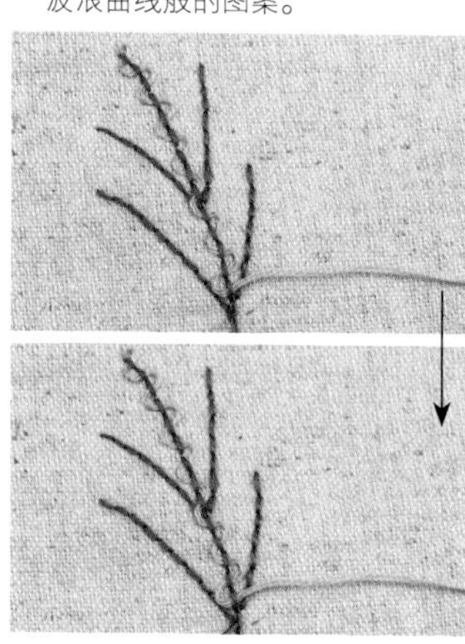

4.依上述方法完成芒草的花朵，穿至尾端将线穿入固定。其他花朵相同方法完成。

蜻蜓：平面绣＋雏菊绣

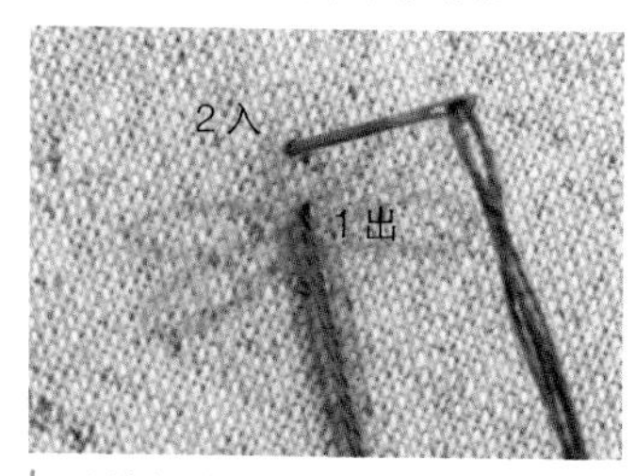

1.从蜻蜓的头下方出针，以直的平面绣绣出一条直线。

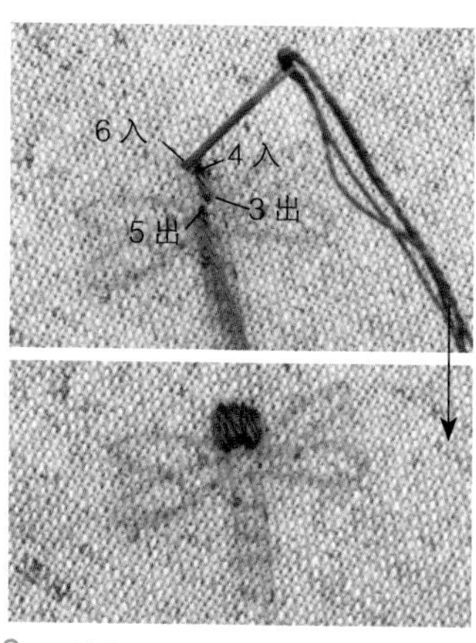

2.再从左方出针，绣出一条直线→再从右方出针，绣出一条直线，即完成蜻蜓的头。

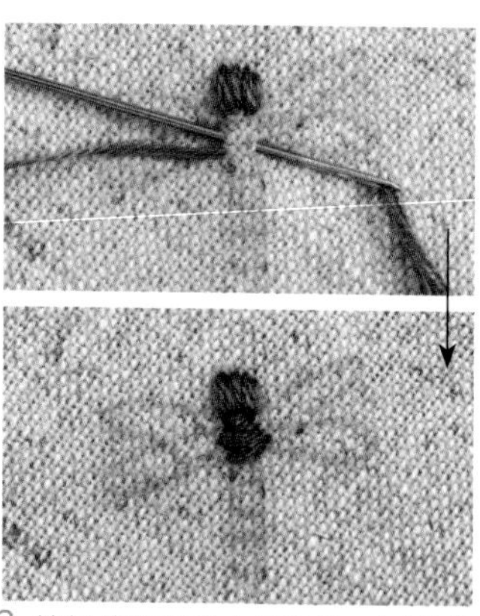

3.蜻蜓的腹部从左侧出针，以横的平面绣绣出一条直线。重复此绣法填满蜻蜓的腹部。

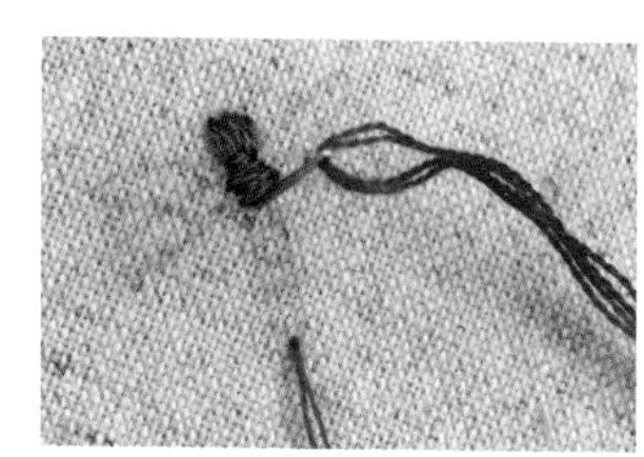

4.蜻蜓的身体用直线绣，先绣出中开的直线，再绣左方直线→右方直线。

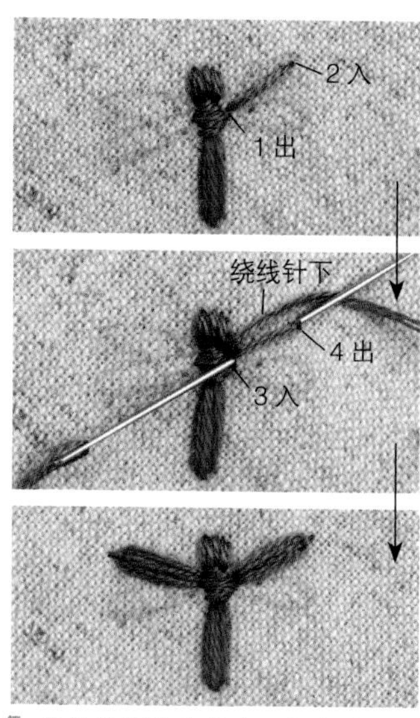

5.蜻蜓的翅膀先从中开拉直线，再做雏菊绣固定。

6.依上述做法完成其他翅膀。

7.换成黑色绣线，以直线绣完成三道花纹，眼睛部分使用结粒绣完成。

边缘装饰：锁链绣

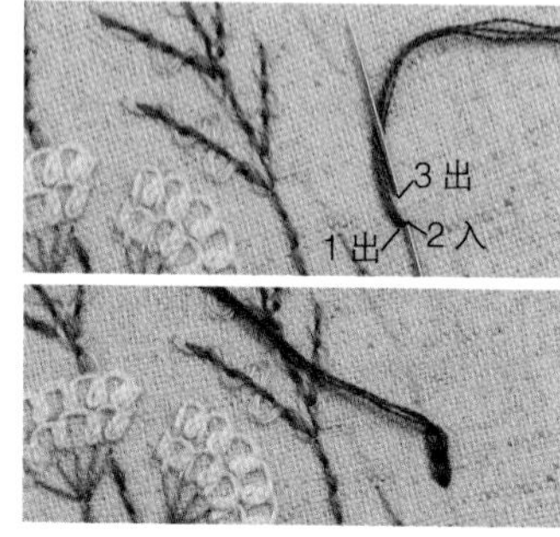

1.1 出→从 1 出处 2 入→线绕至下方→3 出。依此方法重复完成边缘装饰。

★换线的小技巧：

若要绣较长的线条，绣到一半线不够时应该怎么办呢?

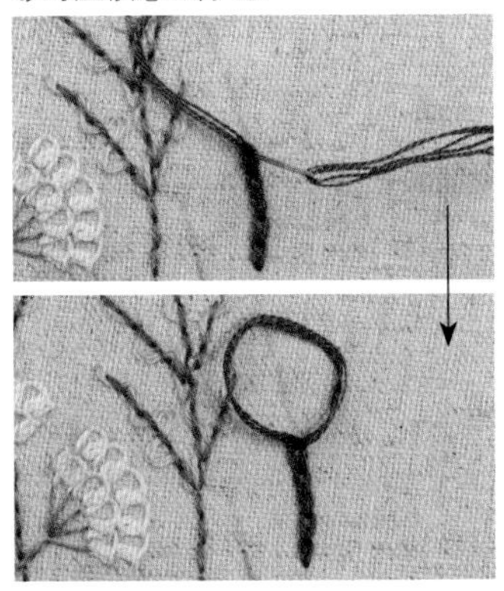

2.如图在入针时将线拉成较大的圈状。

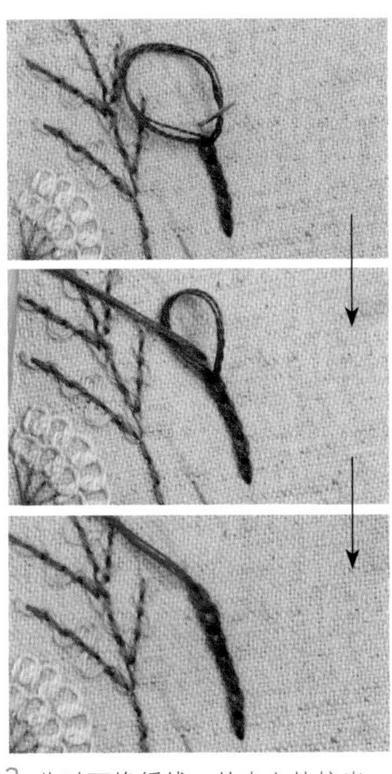

3.此时可换绣线，从中心处拉出，再继续完成锁链绣。
※ 为使读者了解清楚做法，故使用红色绣线示范。

★尾端的接合方法

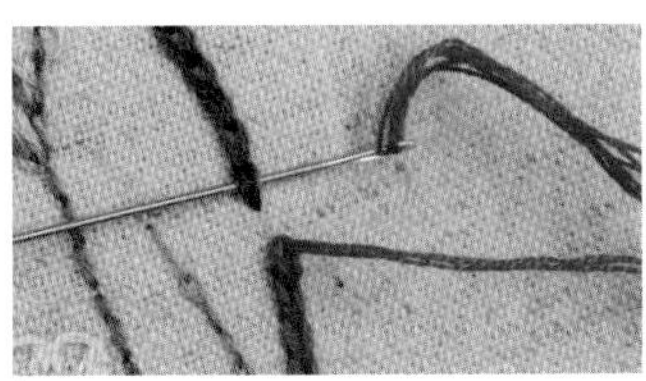

4.绣到最后一个针目时，将线穿入起头的针目内。

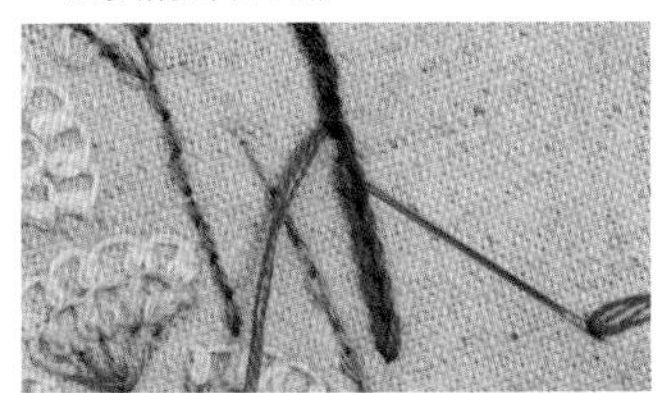

5.再回针，收尾完成。

泽兰：卷线雏菊绣

※ 不需绷框。

1.出针→将针置于线的左方。
※ 此绣法需要较长的绣线，容易有打结的问题，在绣的时候请注意线的平整，请将短的一头置于左下方。

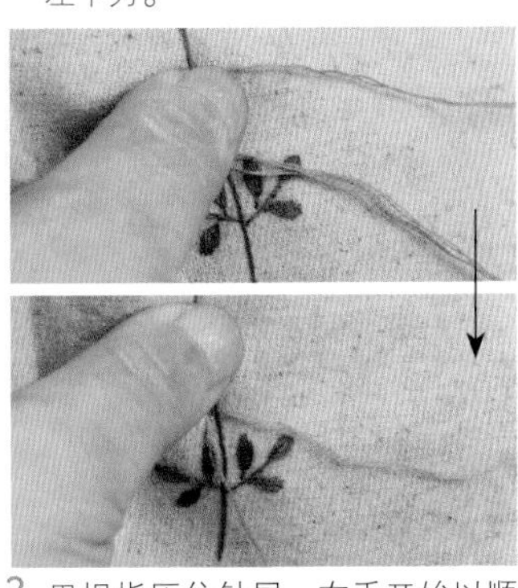

2.用拇指压住针尾，右手开始以顺时针方向绕线，共需绕 18 圈。

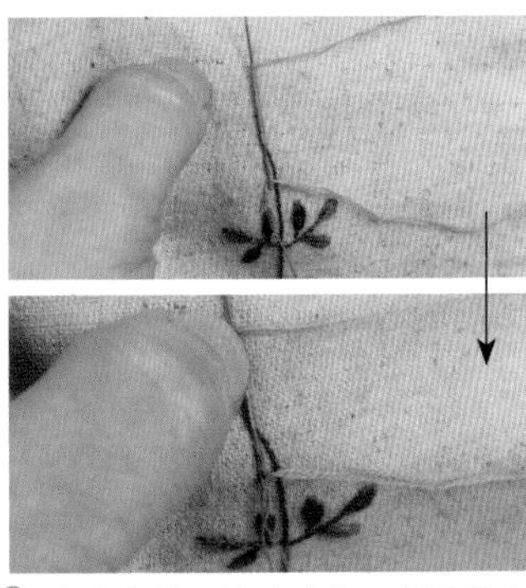

3.绕线完毕，请确认位置是否没有跑掉。先将线往下推，再往上拉，将针抽出。抽针的时候，拇指请压住线。

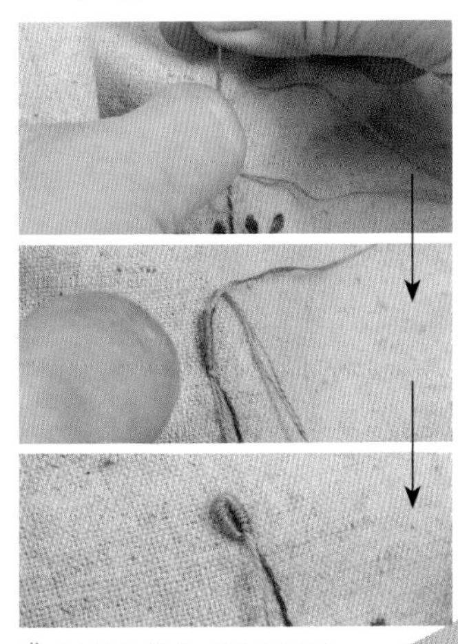

4.以轻拉的方式拉出圈状。

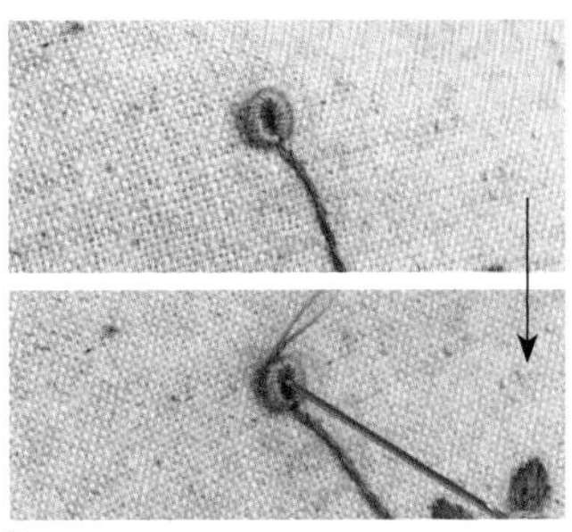

5.由圈状下方入针固定，后方出针再穿入圈内固定。

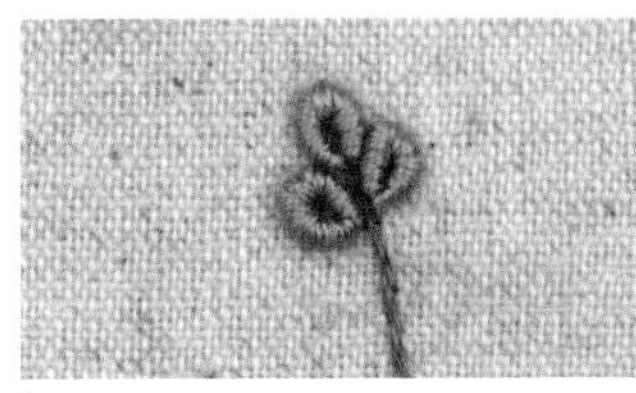

6.其他花瓣也依相同做法完成。

★制作叶形杯垫

1.将图案绣好，将另一片布放入叶子图形的纸板缩缝，整烫后将纸板取出。

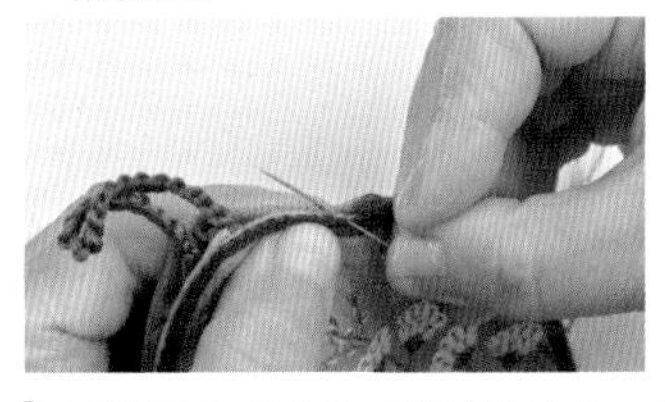

2.再将两片反面相对藏针缝缝合，上方可先夹入棉绳，做杯垫的挂耳。

3.完成。
读者也可将刺绣好的造型布缝在包包上当成装饰喔！

户塚刺绣的连载已在本期结束，
非常感谢读者的大力支持。
喜爱户塚刺绣的读者请勿错过两年一度的展览喔！

作品设计、示范教学／陈莉雯老师
情境摄影／C.CH 教学摄影／Milk
情境文字／黄璟安
做法文字／Magi
美术设计／Chaco
内附原尺寸图

花的深秋圆舞曲·休闲帽

完成尺寸：头围约64cm

用优雅的日系质感布料，做成外出可携带的休闲帽。
布的本身已经先压好棉，双面皆可使用，
无论是碎花图案或是素色系列都很好看。
剩下的布还能做成收纳帽子的小袋呢！

材料

棉布60cm

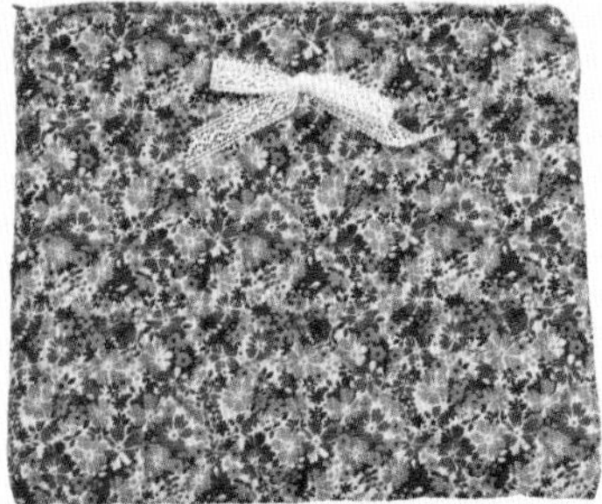

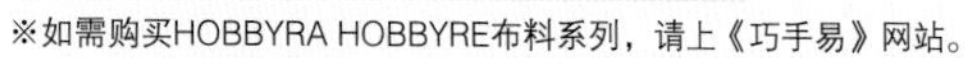

※如需购买HOBBYRA HOBBYRE布料系列，请上《巧手易》网站。

HOW TO MAKE

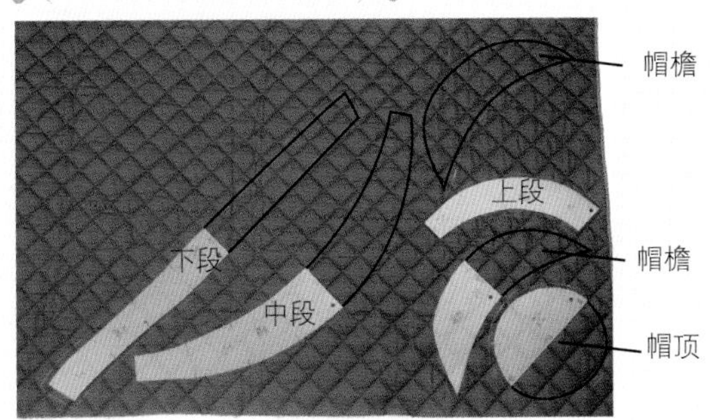

1 如图将纸型排列在布的反面上画下(缝份外加0.7cm缝份)。

2 裁剪下后，周围都需拷克。

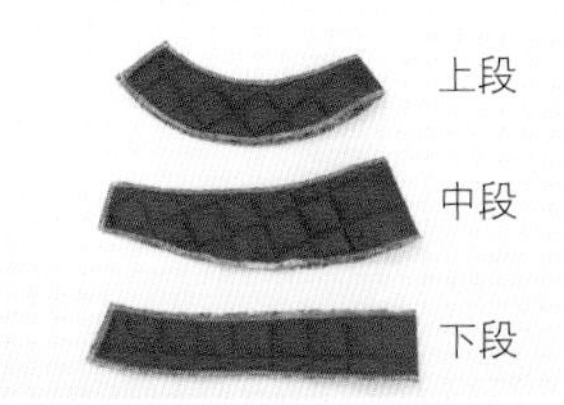

3 上段、中段、下段分别对折一半(布的正面相对)，缝合一侧成圈状。

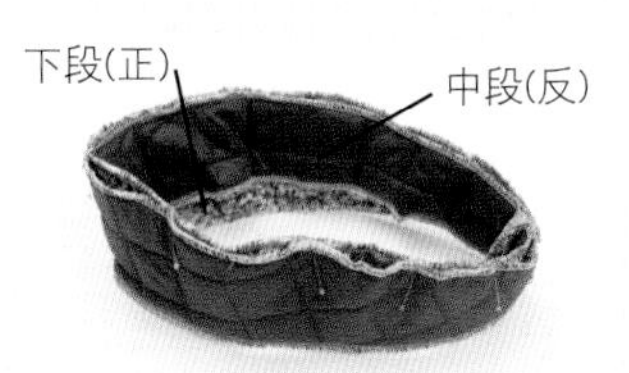

4 中段布与下段布对齐好中心点及接合处，2片布的正面相对(请确认好纸型上标注的接合方向)，再用珠针固定。

5 车缝完成。

6 打开至正面，反面的缝份往下倒，正面再车缝一道装饰线。

7 再将上段的布与步骤6的中段布正面相对，如图用珠针固定。

8 打开至正面，反面的缝份往下倒，正面再车缝一道装饰线。
※珠针固定前请确认好纸型上标注的接合方向。

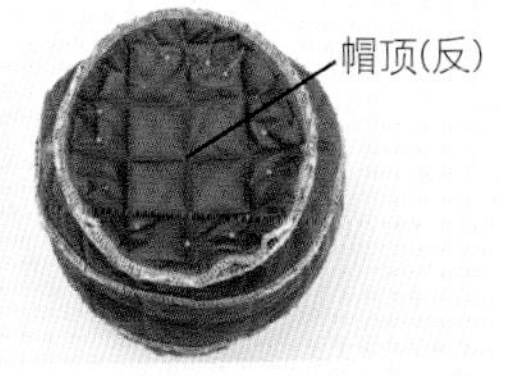

9 帽顶与步骤8的正面相对，如图用珠针固定。

10 打开至正面，反面的缝份往下倒，正面再车缝一道装饰线即完成帽子的主体。

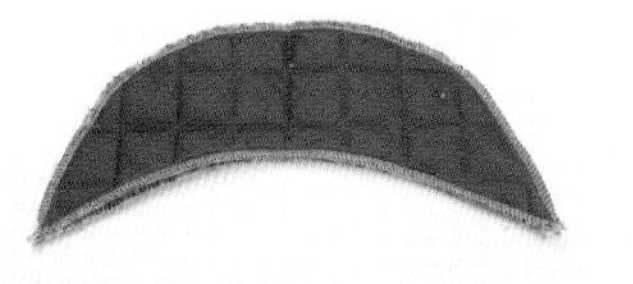

11 帽檐2片布的正面相对，如图上方用珠针固定再缝合。

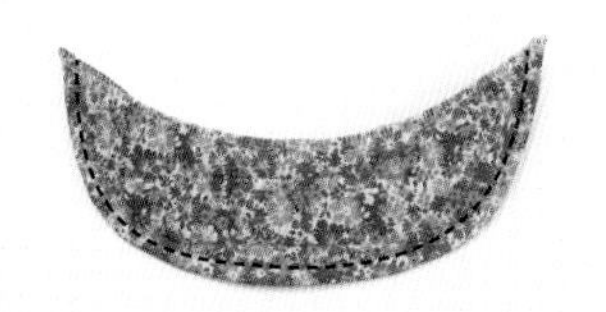

12 翻至正面，先车缝1cm再压0.2cm固定线。

13 将步骤12完成的帽檐与步骤10的帽子主体布的正面相对，车缝固定之后，依个人喜好可以加上一条缎带如图车缝装饰。

14 帽子完成。

●作品设计、示范教学／陈玉金老师
●情境摄影／C.CH ●教学摄影／Nanami
●文字编辑／Anjing ●美术设计／Chaco
●完成尺寸：约8cm×7cm
●内附原尺寸图

For 初级生
1小时完成的拼布小物
Simple 5

北欧的幸福青鸟·口金包

青鸟吹着好心情口哨，
送来北欧的秋意早晨。
几朵白云掠过蓝蓝的天空，
和乘载梦的飞机互道早安。

HOW TO MAKE

材料

- 图案布15cm
- 里布
- 桃心口金(8cm)
- 皮革针
- 皮革线
- 布衬

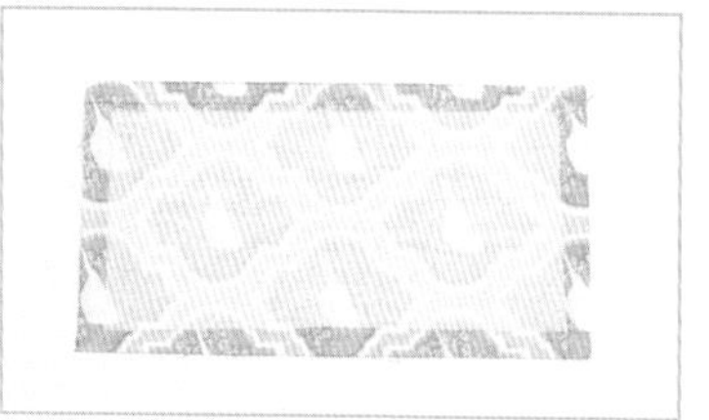

1 裁布19cm×10cm(尺寸已含缝份)，烫上布衬(布衬尺寸：17cm×8cm)。
※缝份为1cm。

2 为增加厚度，再烫一层布衬
(布衬尺寸：19cm×10cm)。

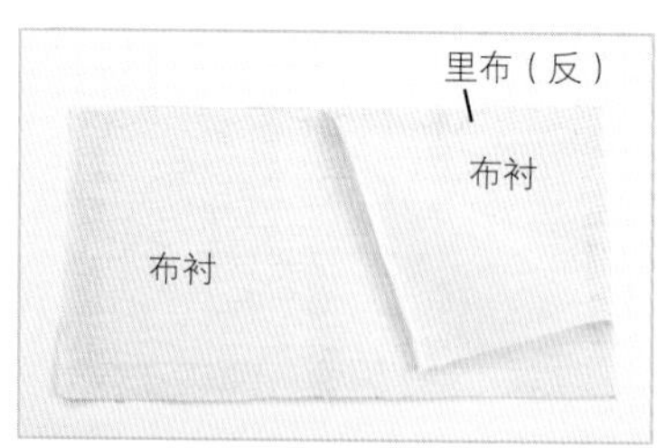

3 里布相同做法完成。

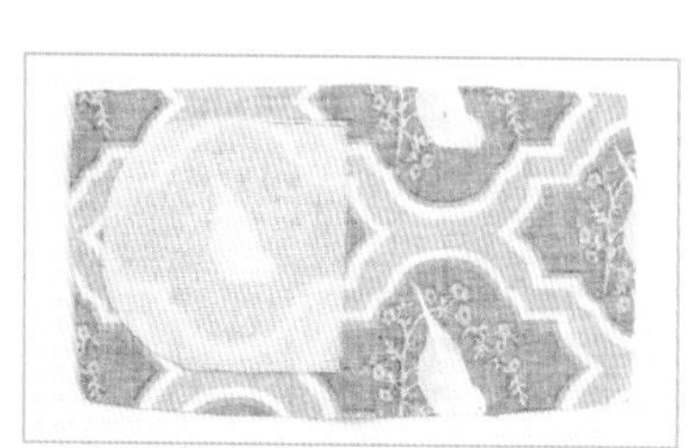

4 侧边布：取图案表布依纸形画好形状，烫上布衬，共做2片。

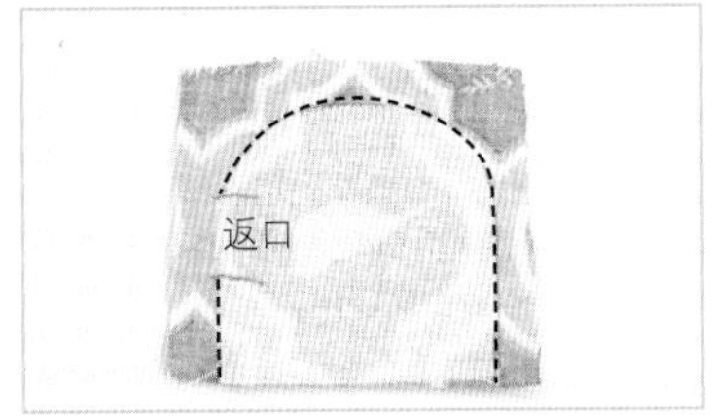

5 如图将布对折(正面相对)沿着形状车缝，一侧留返口。

6 再将另一片布衬烫上(前、后均有布衬)。
※此做法为陈老师的小技巧，另一片布衬若先烫上，在车缝时则需有对准的问题。

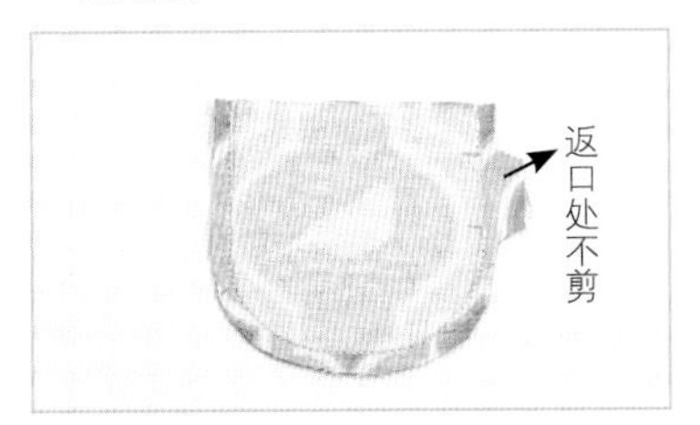

7 修剪缝份，但留返口处不剪。弧度处请剪牙口。

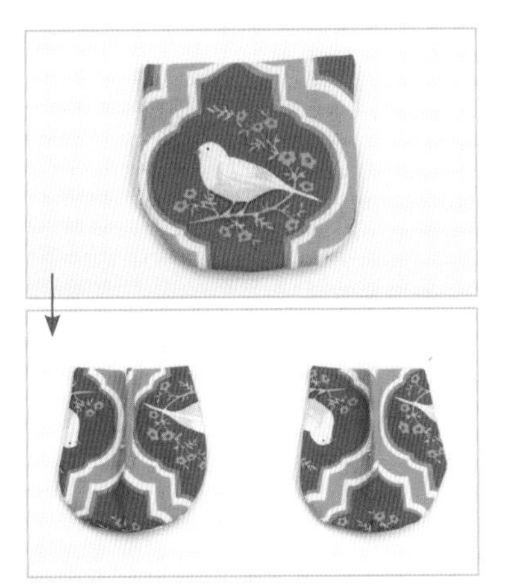

8 翻至正面，完成侧边布。另一片做法相同，依照纸形记号车缝褶子。

9 表布与里布正面相对，车缝一圈，请于一侧留返口。将缝份修小，但留返口处不修，边角处请剪斜角。

10 由返口翻至正面，返口缝份折入整烫。

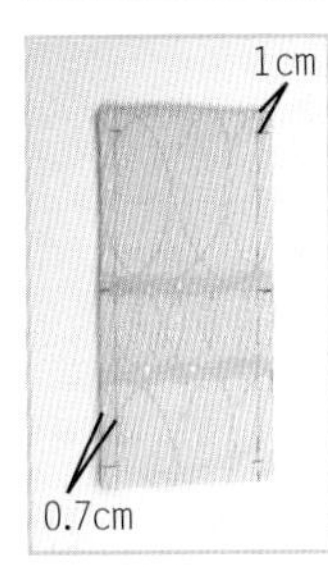

11 里布如图标示找出中心点，上、下端画1cm记号点，两侧画出0.7cm缝份。

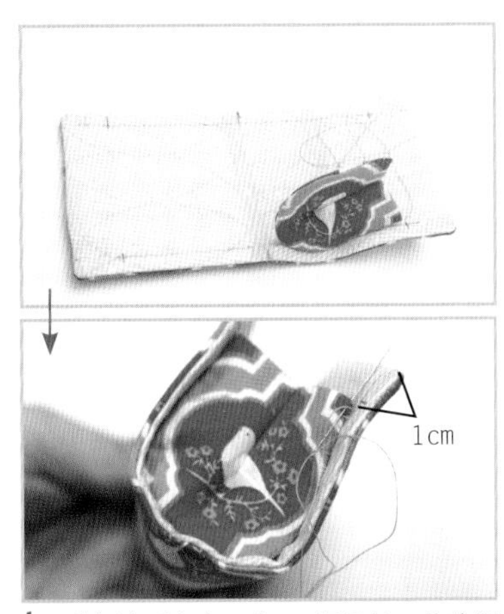

12 将侧边对齐左、右1cm记号处，从外侧0.7cm缝份线开始藏针缝固定。起头与结束处请记得要回一针。

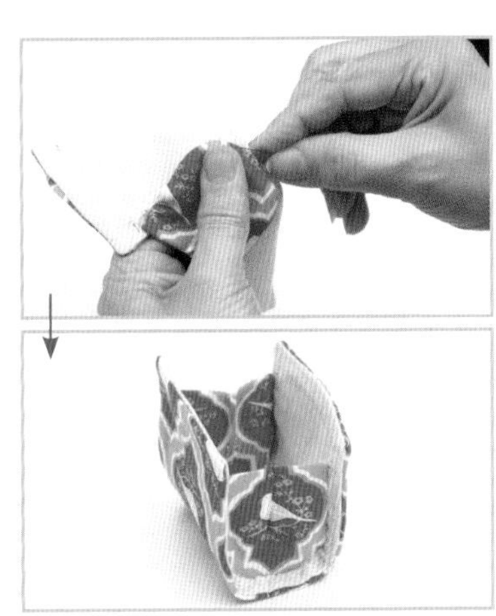

13 再翻至里面，从另一侧藏针缝加强固定。另一片侧边布相同做法完成如图。

14 以锥子将布端塞入桃心口金的沟槽，先从中心点疏缝，再疏缝左、右侧。

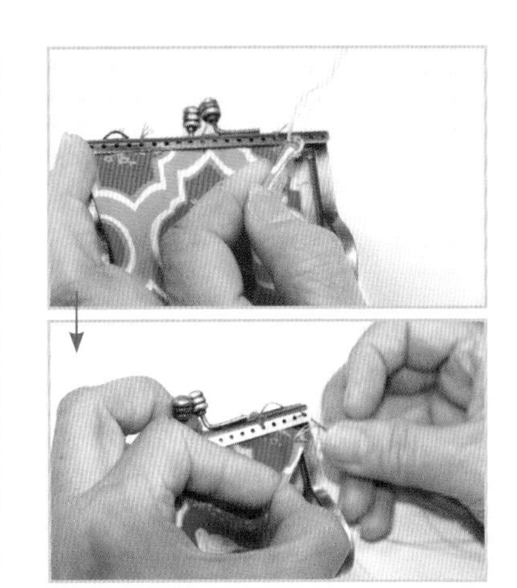

15 将线头藏于尾端，针从第一个孔穿出。

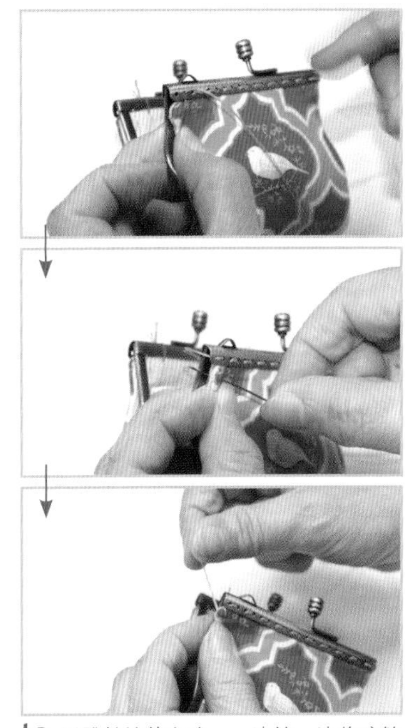

16 以跳针缝的方式，一边缝一边将疏缝线拆掉，缝至另一端时，将边角拉出，穿入针使边角拉进口金缝内。

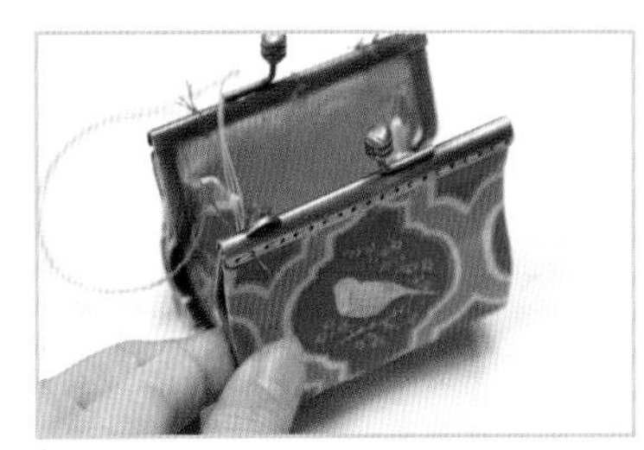

17 再回针填满其他孔隙。另一侧相同做法完成。

◎更多陈玉金老师的口金技巧教学单元请参考NO.43～NO.48。

人气布的研究室
实用度百分百的帆布

时尚水手风·帆布包

学院风味浓厚的帆布包，水手造形的图案不织布，
搭配两侧的银色鸡眼扣，尽显年轻的时尚新气候。

* 作品设计、示范教学 / 隆德贸易有限公司 苏怡绫老师
* 情境摄影 / C.CH * 教学摄影 / Nanami
* 文字 / Magi * 美术设计 / 韩欣恬 * 内附原尺寸图
* 完成尺寸：约32cm×34cm×17cm
* 使用机形：BERNINA B580

作品欣赏

使用黑色系的条纹帆布，
制作成桶包或是小提包，
都是很实搭的手作单品。

作品尺寸：约30cm×31cm×17cm(桶包)
约22cm×18.5cm×5cm(小提包)

袋子裁切尺寸示意图
* 单位：cm * 尺寸皆含缝份。

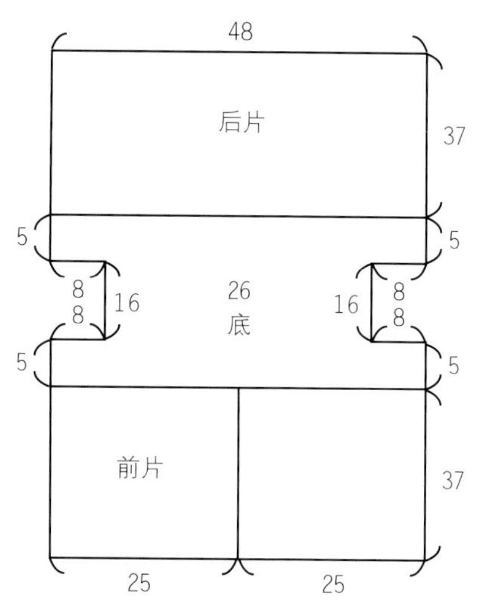

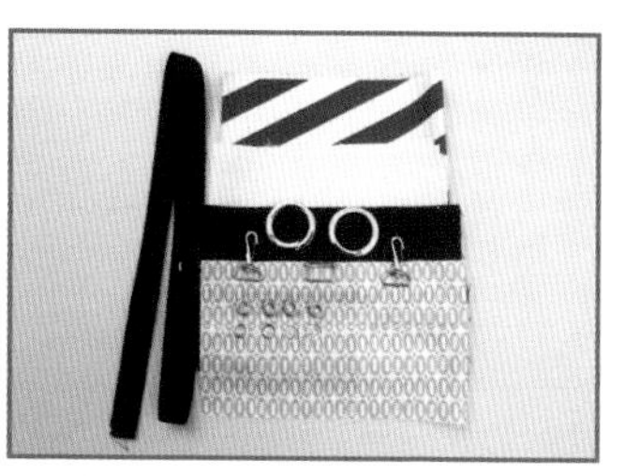

材料

表布与里布皆 60cm
口袋布里布 30cm
日形环 1 个
圆形扣圈 2 个
问号钩 2 个
鸡眼扣 4 个
织带 15cm

前片 2 片

后片 1 片

底部 1 片

依尺寸示意图裁剪。

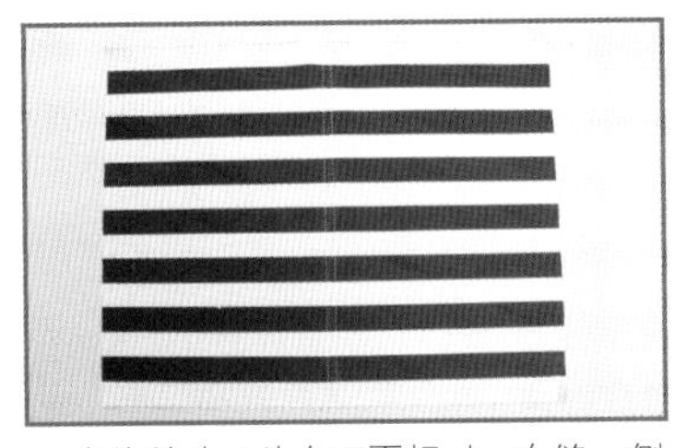

1. 先将前片 2 片布正面相对，车缝一侧后并将缝份打开，压 2 道固定线（每个车缝步骤后皆需将缝份打开压线。

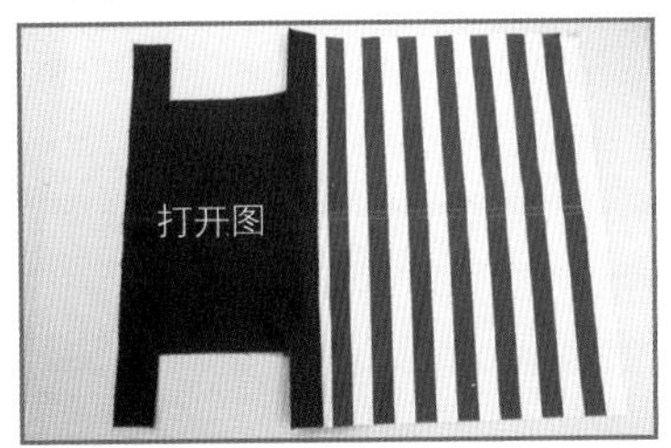

2. 步骤 1 前片与底部，2 片正面相对车缝。

3. 再与后片车缝组合。

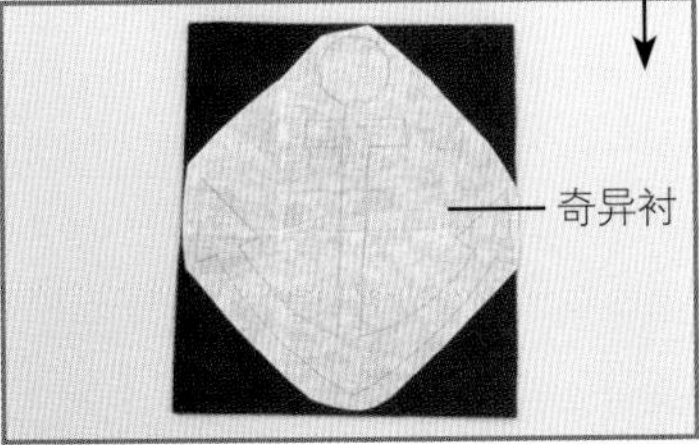

4. 准备一块不织布，并在奇异衬光滑那一面描上图案，再将奇异衬有胶的那一面烫在不织布上。

5. 将不织布图案剪下，撕掉保护纸将不织布烫在前片上，用贴布缝方式车缝在前片上。

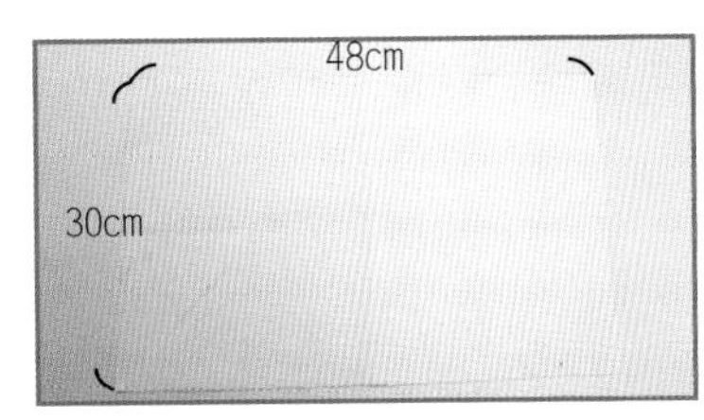

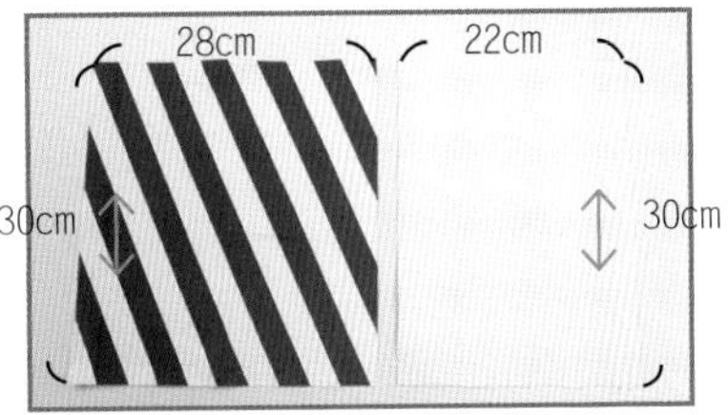

6. 准备里布。

7. 将里布组合好，缝份处需打开压线。

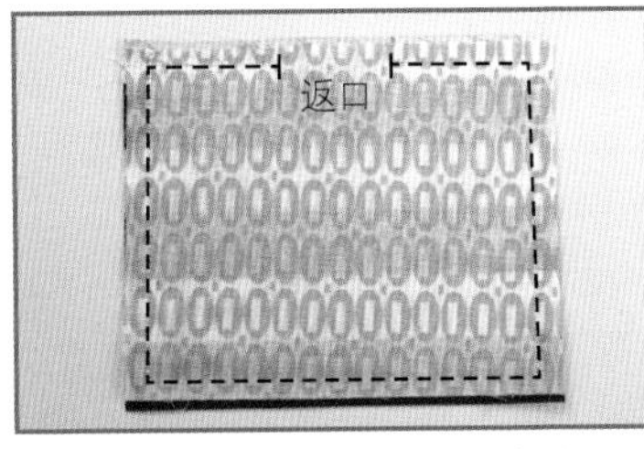

8. 裁切口袋布 2 片正面相对，车缝一圈并留返口，从返口处翻至正面，口袋上方需压线。

※ 口袋布 A：4cm×37cm（条纹布）、13cm×37cm（白色布）各 1 片。

※ 口袋布 B：14cm×17cm（条纹布）。

9. 完成图。

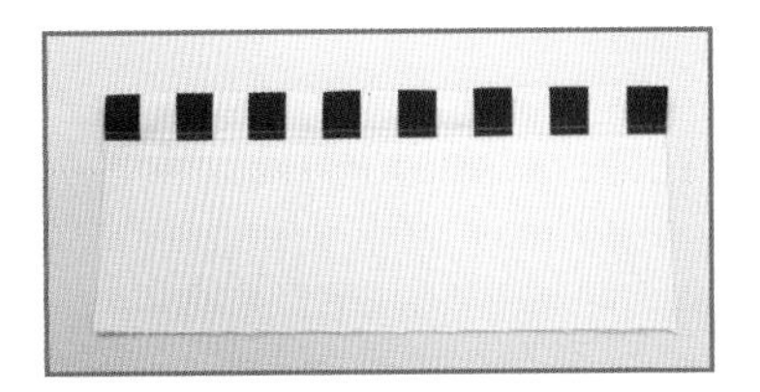

10. 口袋布上、下接合后，与里布正面相对，车缝留返口翻出。

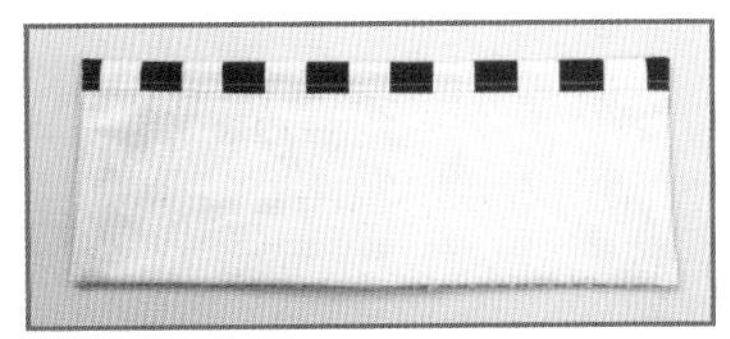

11. 步骤 10 完成图。

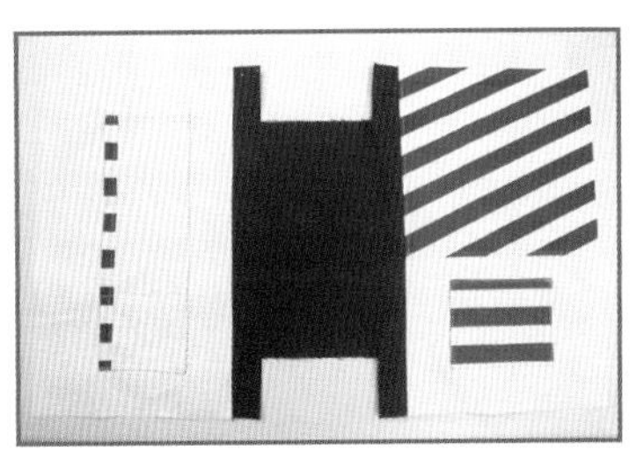

12. 再将口袋分别固定在里布上。

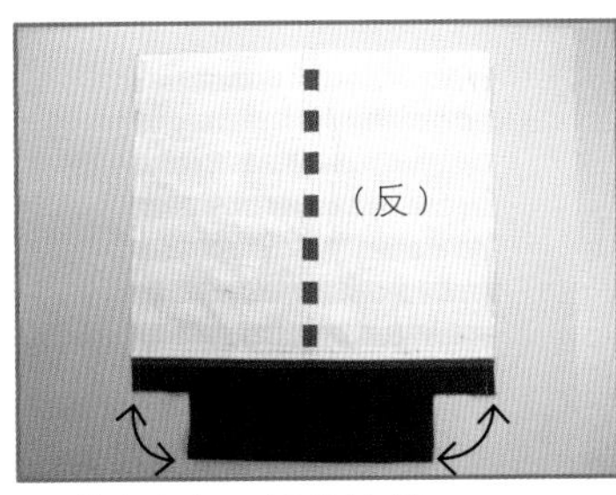

13. 将表布左、右两侧车缝。

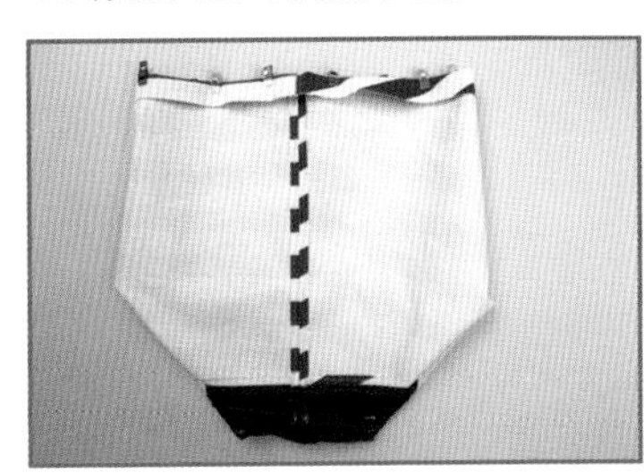

14. 车缝两侧截角（底角），即完成表袋。

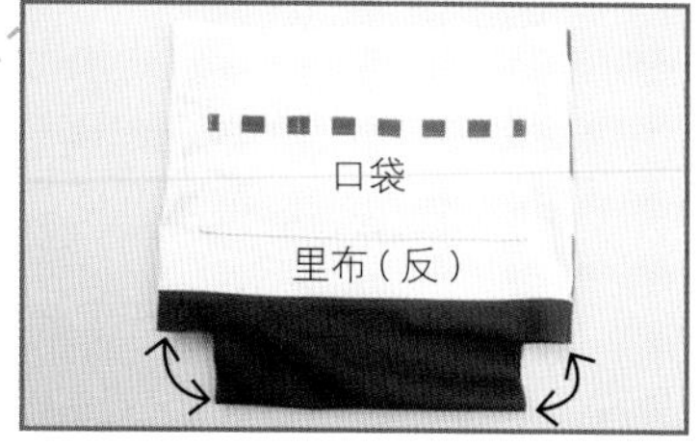

15. 里布同步骤 13、14，车缝完成。

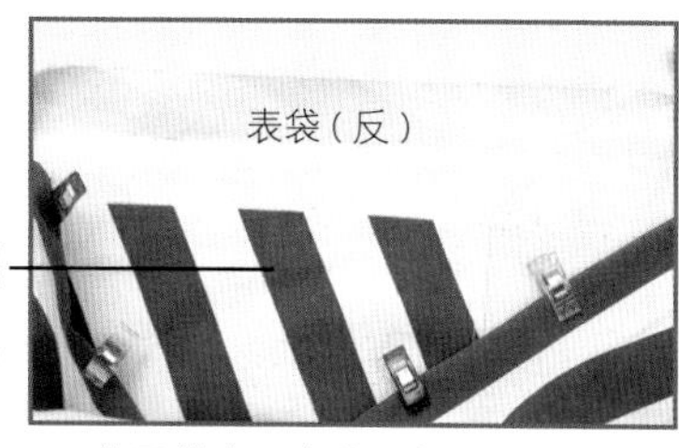

16. 将里袋套入表袋(表袋反面对里袋的反面，套入后表袋的口布会比里袋多)。

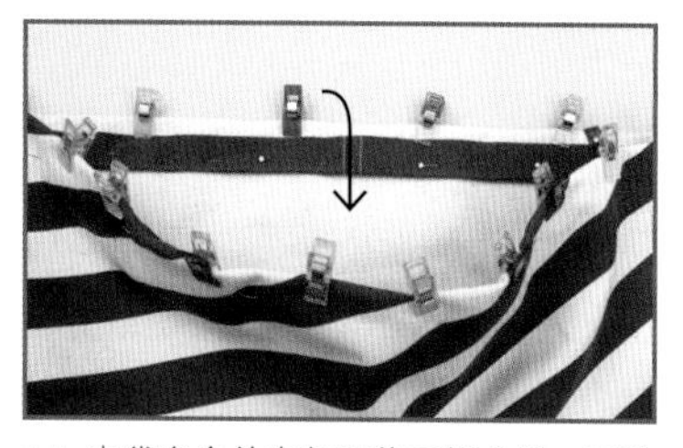

17. 表袋多余的布如图往下折 2 折，用强力夹固定后车缝，最上缘也需压线。

18. 步骤 17 完成图。

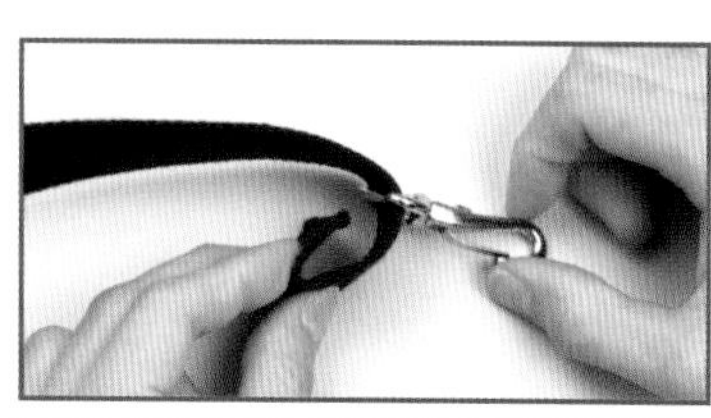

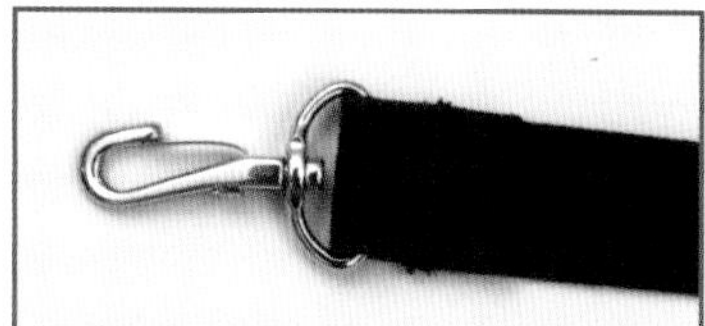

19. 先将织带一端先穿过问号钩，折 2 折后车缝固定。

20. 另一端再穿过日形环。

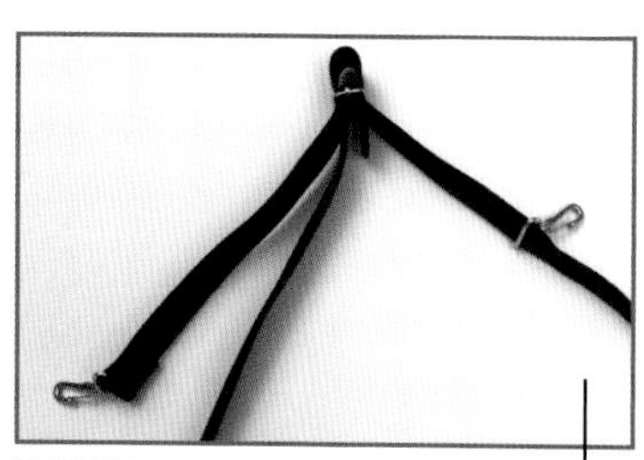

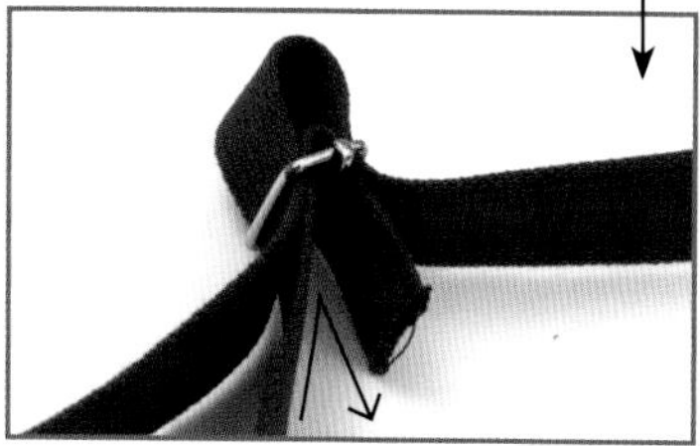

21. 再套入一个问号钩，如图再将织带穿过日形环，折 2 折后车缝固定。

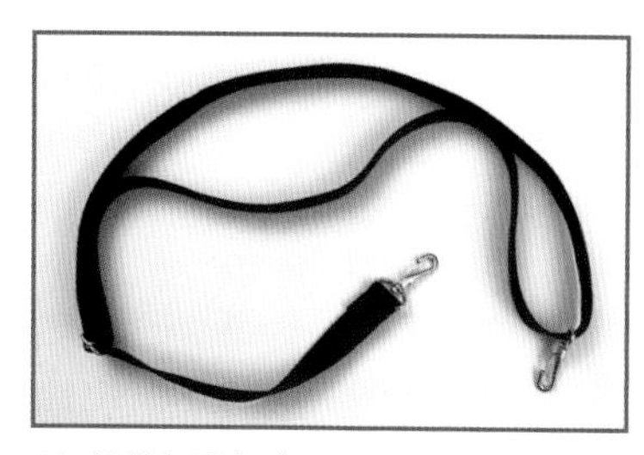

22. 织带把手完成图。

23. 先在包包两侧的左、右各 10cm 处做鸡眼扣记号，用打孔工具在布上打孔。

24. 准备打鸡眼扣工具(鸡眼扣有一正、一反)。

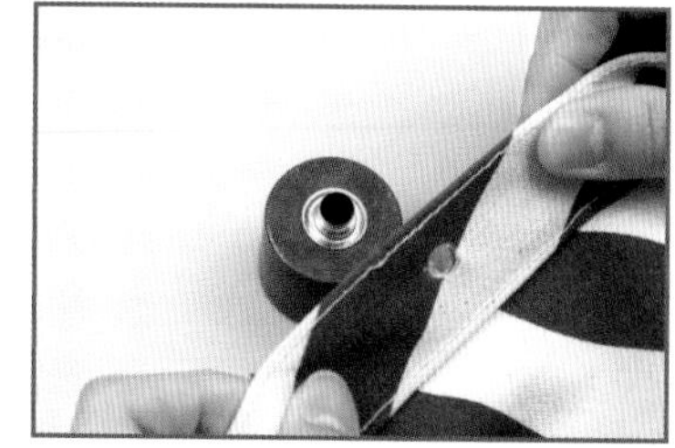

25. 如图将布放置鸡眼扣上，再放上另一片鸡眼扣。

26. 如图固定鸡眼扣。

27. 完成。

28. 如果钩上圆形扣圈。

29. 钩上织带把手即完成。

刺绣风格·日系洋装

利用布本身的特色，
将刺绣图案展现在裙摆及袖子部分，
清爽的假日不妨偷个悠闲午后，
做一件日系女孩最爱的舒适洋装吧。

使用机形：
BERNINA B530

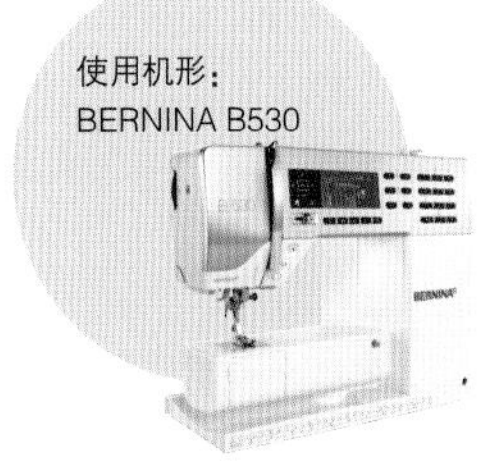

示范教学／隆德贸易有限公司 李青绮老师
情境摄影／C.CH　教学摄影／Nanami
情境文字／Anjing　做法文字／Magi
美术设计／Chaco
尺寸：9号(S尺寸)(衣身长68.5cm 、胸围125cm)
内附原尺寸图

材料

· 棉布(下摆有刺绣花样)
112cm幅宽×150cm

· 透明地用接着芯

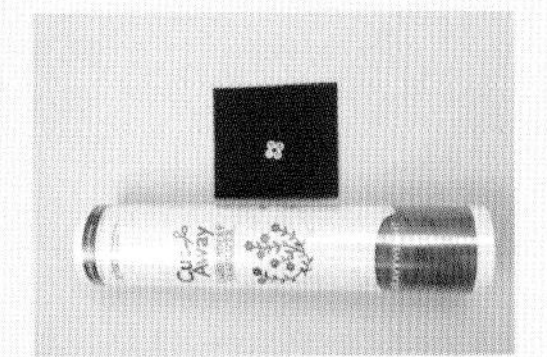

· 安定纸(厚)
· 直径0.9cm圆形扣子4个

· 使用之压布脚：#1、#2A、#5
· 自动扣洞压布脚#3A

How to make

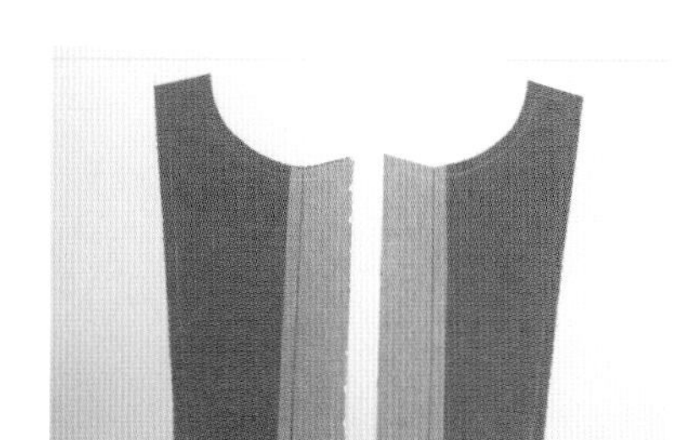

1 将前裆布(左、右两片)，反面各贴边处烫上透明地用接着芯。

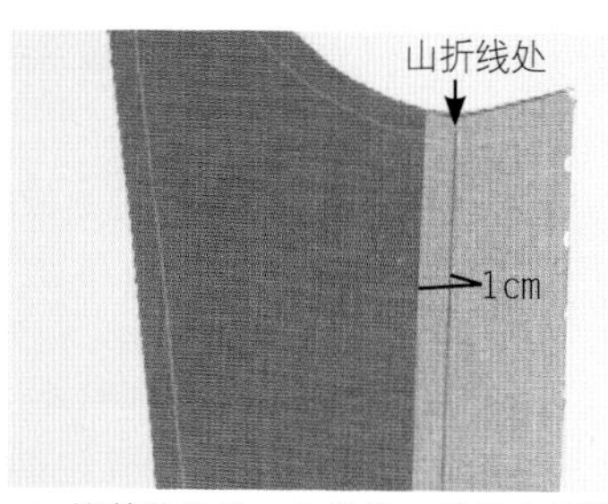

2 接着芯位置：含缝份，并于山折线外1cm位置处烫上接着芯，将1cm缝份折烫。

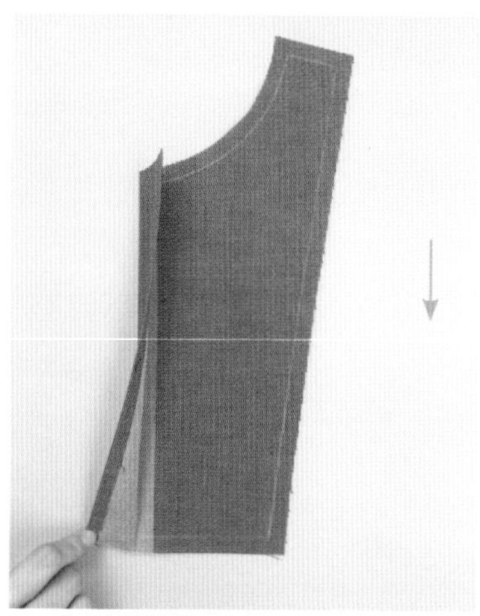

3 将山折线折烫。

4 使用压布脚#5，针位左移至最左位，车缝侧边至车缝线位置约0.2cm。

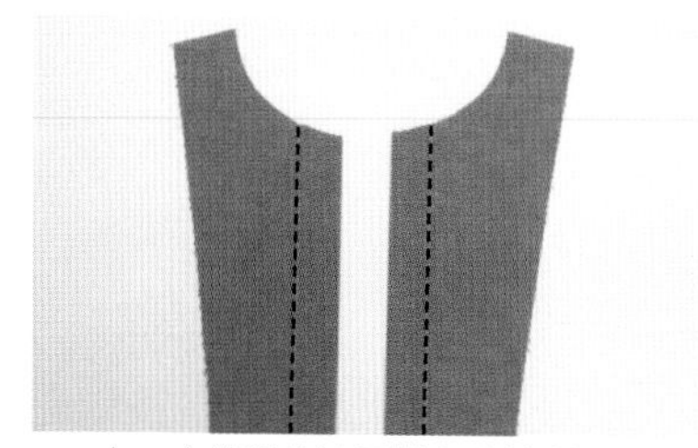

5 左、右前裆片皆同样方法缝制。

6 将右前裆片与左前裆片重叠(右盖左)，重叠处先以珠针固定。交叠处疏缝固定。

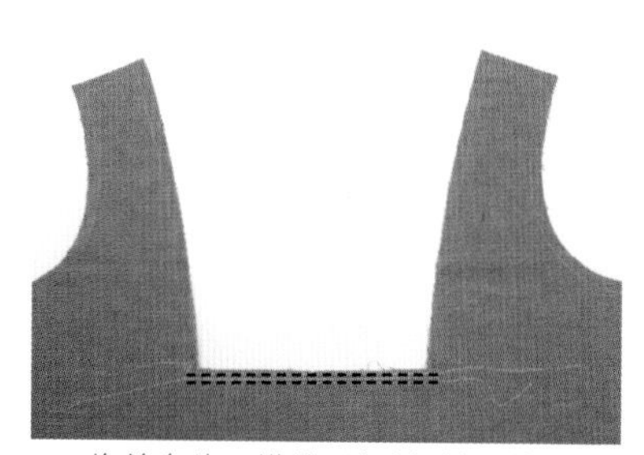

7 将前身片开襟处以粗针(针目约3.0~4.0)车缝两道(距布边0.5cm处、0.7cm处各车一道)。

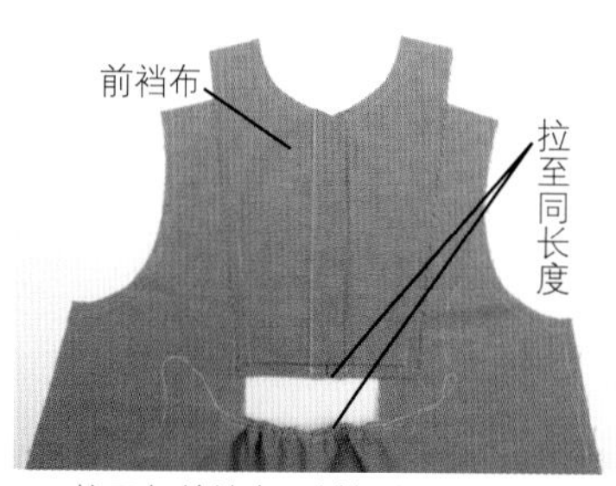

8 拉至与前裆布一样长度。

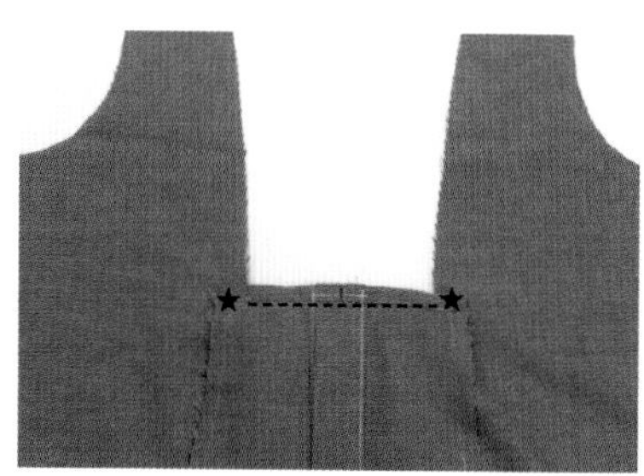

9 如图，将前裆布与前身片车缝（★记号处的点至点）接合。

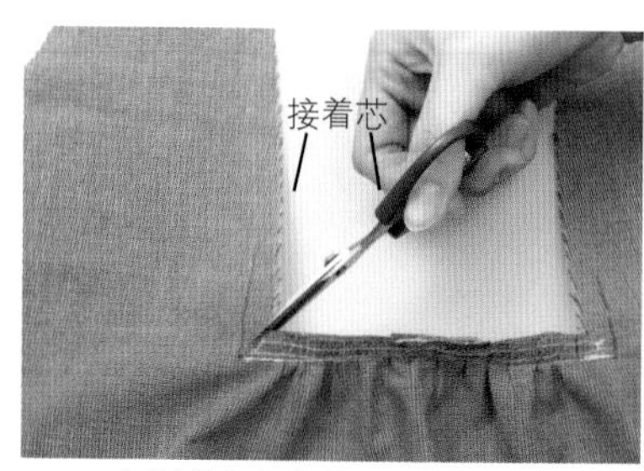

10 如图剪45° 角牙口。

11 将前裆布与前身片的两侧接合完成。

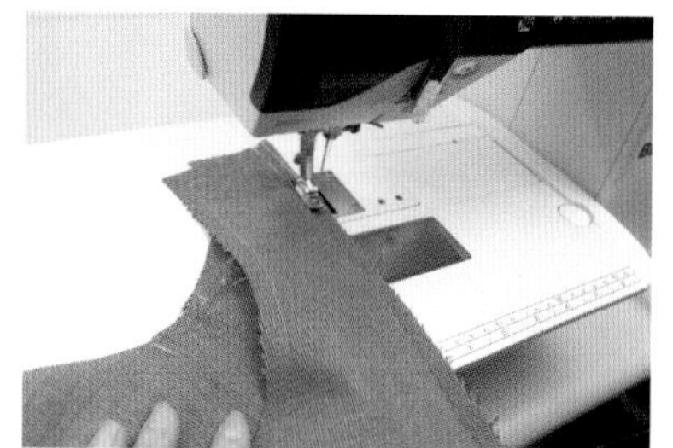

12 缝合处一起拷克，于П形处拷克完成。

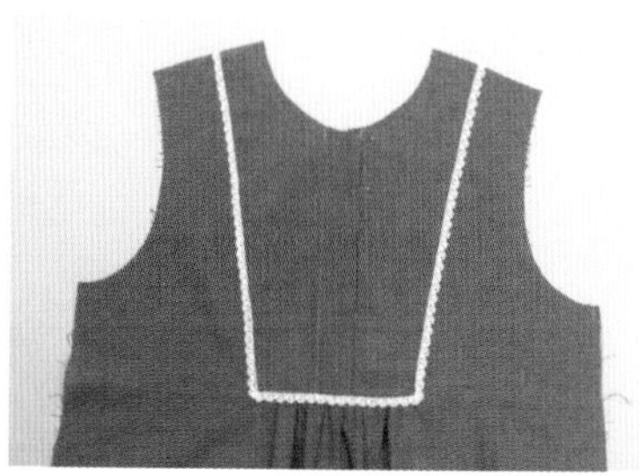

13 使用压布脚#5，于接缝处压缝上装饰蕾丝，如图，于П形处压缝装饰蕾丝完成。

How to make

14 将前身片与后身片肩线接合并拷克。(使用压布脚＃2A)

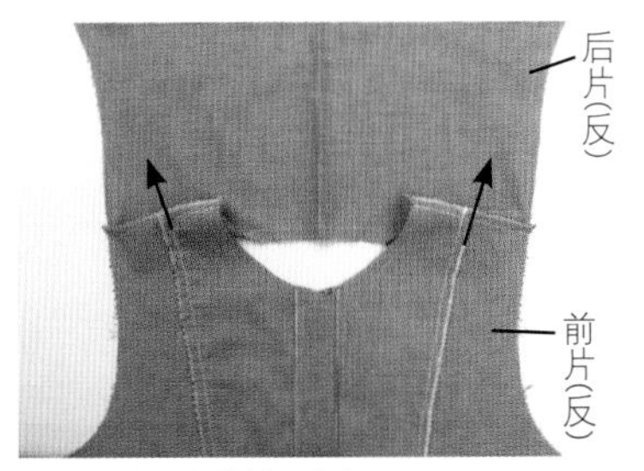

15 将缝份倒向后片。

16 裁斜布条4cm×60cm，对折烫好，侧边1cm缝份烫入。

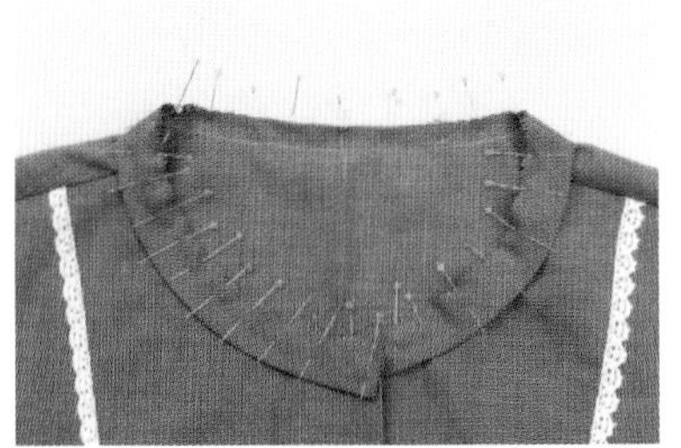

17 将斜布条先用珠针固定于领围处。

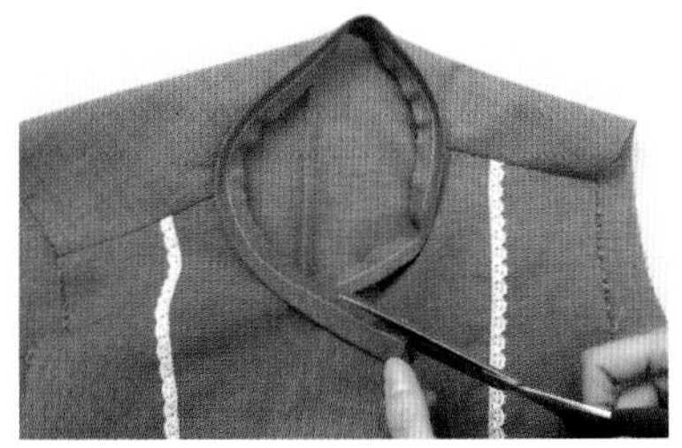

18 将缝份修剩0.5cm。

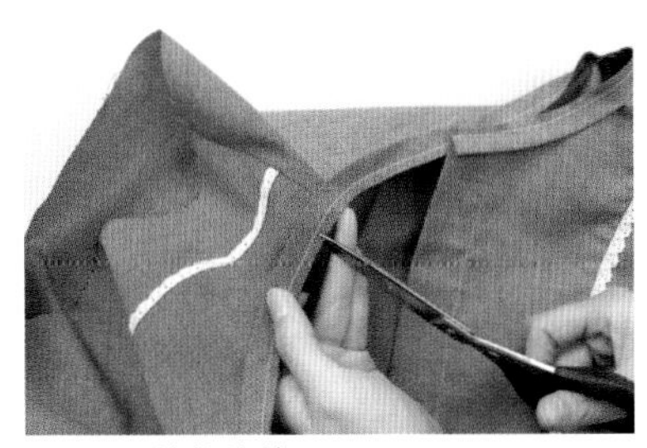

19 于缝份处剪牙口。

20 如图，将斜布条折双边返折烫入，以珠针固定。

21 使用压布脚#5车缝完成。

22 将(左、右)袖子与身片接合。中心点、对合记号皆先用珠针固定。

23 拷克(使用压布脚＃2A)。

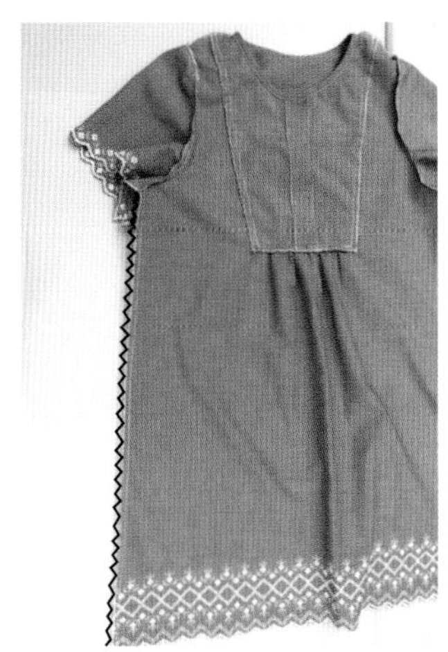

24 车缝两侧肋边，并使用压布脚＃2A一起拷克。

25 于前挡布上做上扣孔记号。

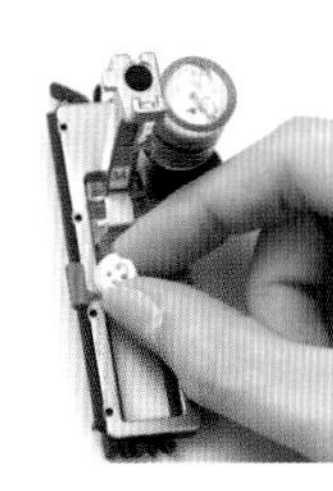

26 使用压布脚＃3A。将扣子放上测量位置。(扣子前端放于红色指点上，移动红色箭头至扣子尾端，以测量扣子直径。)

27 将底线穿过梭壳上小孔（此动作可车出完美扣孔喔）。

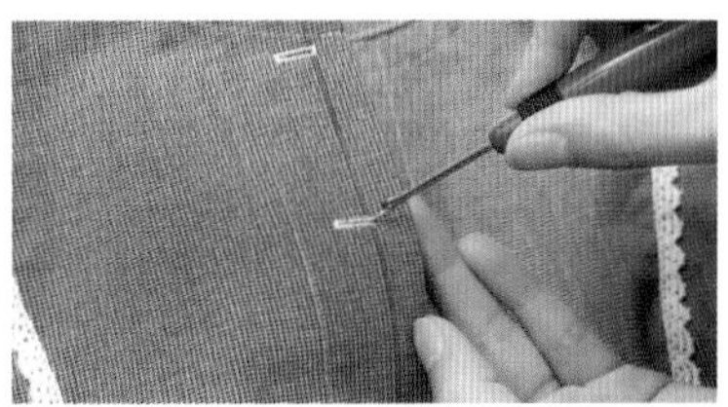

28 如图，使用拆线器将扣孔割开，最后缝上扣子。完成！

作品设计、制作、提供／清家 渚老师　美术设计／韩欣恬

睡莲

作品尺寸：约 195cm×160cm

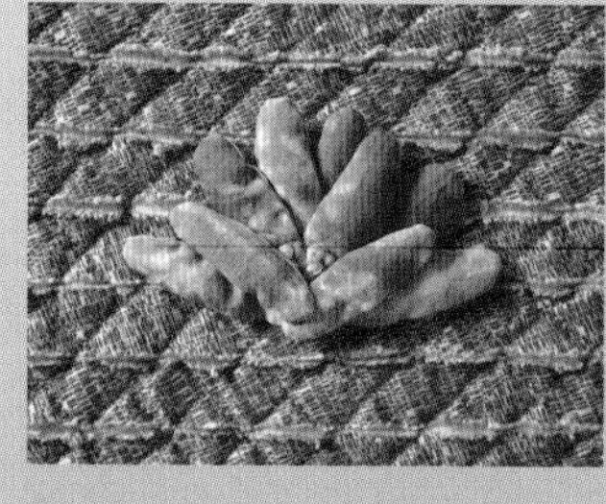

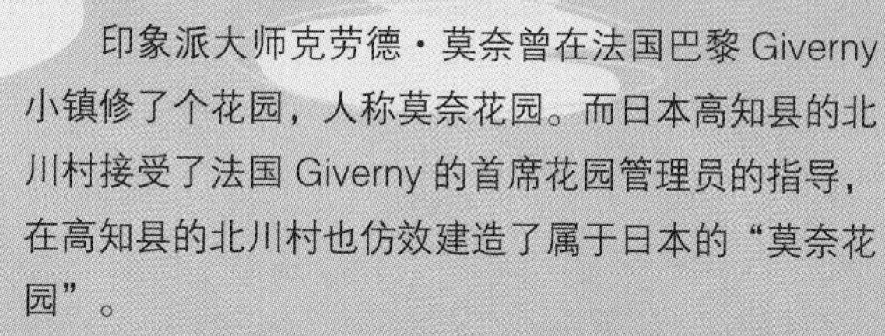

印象派大师克劳德·莫奈曾在法国巴黎 Giverny 小镇修了个花园，人称莫奈花园。而日本高知县的北川村接受了法国 Giverny 的首席花园管理员的指导，在高知县的北川村也仿效建造了属于日本的“莫奈花园”。

最近我一直考虑在创作的拼布作品中做出水的感觉。我选了丝袜般薄的布，将这些布裁成宽 2cm 的斜纹布条，排列好后放在铺棉的上方，再用金葱线斜向车缝成 2cm 菱形格，在布条与布条的中间隐约可以见到白色的铺棉与金葱线反射的光，就好像水面光影粼粼的效果。

睡莲的花瓣使用贴布衬，中间再塞入手艺用棉花，叶子则用普通的贴布缝技法与可显现立体感的贴布缝技法（同花瓣做法），我运用这两种技法完成了这个作品。

※ 高知县北川村“莫奈花园”
官方网站 http://www.kjmonet.jp/

作者简介 清家 渚

喜爱染色、刺绣等，沉醉于拼布世界超过 30 年。
年过 70 岁，右手开始不太灵活，最近常使用缝纫机制作拼布作品。

作品设计、制作、图片、文字提供／乔敏拼布工作室 闻其珍老师
美术设计／陈启予

制作：2012年 作品尺寸：103cm×130cm

猜我

初次接触拼布至今已有 20 余年了，翻看着过往的作品，仿佛再现了一幕幕的生活场景，快乐、悲伤与彷徨，当时的心情历历再现，单纯的手作，却下意识地透过色彩诉说着我的心境！

肯罗宾森（Ken Robinso）及卢亚若尼亚（Lou Aronica）合著的《让天赋自由》书中写到：何谓天命？进入神驰状态就是进入天命深处的核心。当你从事自己喜爱的工作，也许包含了各式各样与天命息息相关的活动，例如研究、组织、安排、暖身等，但都不是天命的本质。即便是做着你喜爱的工作，也有可能碰上沮丧、失望，或是力不从心、徒劳无功的时候。但是，当你终于心手合一时，你的天命体验便迥然不同：那一刻你会心无旁骛、专心致志地沉浸于当下，以你的最佳状态发挥所长；你的呼吸方式改变了，身心融合，似乎身轻如燕地被吸入了天命的中心。

拼布让我有这样的感受，甚至会忘了时间的存在。

2010 年我的作品《微风小径》有幸获得美国休斯敦 IQA 协会的的青睐并得已展出，也因为这样的机缘我参与了这个全世界最大的拼布盛会。在会场中，除了感动于全世界有那么多和自己一样对拼布有着热情的人之外，也观察到会场展出的作品和以往欣赏到的作品有着很大的不同——从整体的构图、色彩到压线，完全颠覆了以往的做法。我的心开始发热，这将是另一个创作的转折点！

此次向大家介绍的这幅作品《猜我》很有趣味性，以往我很排斥人形的作品，或许是怕人的神韵不易捕捉而不愿去尝试吧。这次有了初步构想后试做，竟有出人意料的效果，高彩度、高明度，整个画面活泼而有趣，压线也尽量呼应主体的色彩，大胆跳 Tone，跳出以往玩拼布的框架，希望我的分享能激发出各位不一样的想象空间。

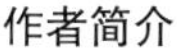
作者简介

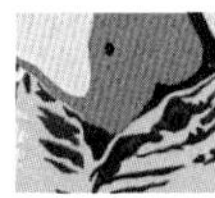

闻其珍老师

东方设计学院
日本通信社拼布讲师结业
日本余暇协会机缝指导员结业
日本小仓缎带绣讲师结业

资料来源、文字撰写、作品提供 / 映衣老师
文字整理 / Magi　美术设计 / Chaco
图案协力制作 / Hand Made小组

布伊坊　映衣老师
日本文化女子大学研究所毕业，专攻服装社会学，研究拼布与社会的关系。和很多女生一样从小就喜欢做手工艺，缝缝补补，接触拼布已有十多年，因为好奇心，喜欢追根究底，读过服装史、艺术史，所以也想了解拼布的发展史，于是辞掉服装企划的工作，重回母校的研究所，针对拼布发展做更进一步的研究。具日本手艺普及协会指导员资格，现在师从拼布作家小关铃子老师。

Lesson 4

关于传统拼布图形的由来(下)

前言

承接上一期，这一期所介绍的是来自动植物的图形，以及其他与日常生活有关的图形。从早期英格兰地区的移民到达美洲，一直到经历了独立战争、南北战争，美国的特殊的社会发展，其实就是造就拼布文化的主要原因。

▲ 沙仑玫瑰(一)　▲ 沙仑玫瑰(二)

▲ 郁金香时间

植物造型的图形

在旧时代的生活环境里，并没有高楼大厦和繁华的街道，一眼望去只有宽阔的庭园或是一望无际的田园、草原和森林。“大自然”本身就是一个很好的主题，庭园里有美丽的花朵、草、小树和叶子，田园里有蔬菜和水果，草原上和森林里有大树和果实等大自然的产物。将这些来自大自然的恩惠制作成拼布的图形，是极为平常的一件事。

在教科书、图形书中最常看到的图形是花朵和树木，其中大家都很熟悉又相当喜爱、也经常被当作作品题材的就是“所罗门之歌”中的“沙仑玫瑰”(Rose of Sharon)，这个图形特别被用在“结婚用拼布”的作品上。“沙仑”是一个地名，据圣经中记载靠近地中海一带，而沙仑玫瑰则是生长在沙仑滨海湿地的玫瑰，花的外形有点像郁金香，每株只开一朵花，高度只有25厘米，颜色则是深红到暗红色之间，甚至花朵底部还会带点黑色。在拼布中花朵的做法是以贴布缝居多，颜色也各有不同，因为图形设计有些复杂，描图比较困难，所以花朵的形状偏于抽象，凭个人想象去设计并表现出自己的风格。原本每株只开一朵花会有些单调，于是在图形设计上，25厘米的茎和叶会以圆弧的放射状、对称方式来表现，我们常见的“沙仑玫瑰”是1840年在宾州(Pennsylvania)发展出来的图形，其他也称为“沙仑玫瑰”的图形就有十多种以上。不过关于“玫瑰花”的图形则多达几十种，例如先前提到的“哈里逊的玫瑰”(Harrison's Rose)，以及美国辉格党(Whig Party)将作为党派象征的玫瑰花做成的拼布图形。

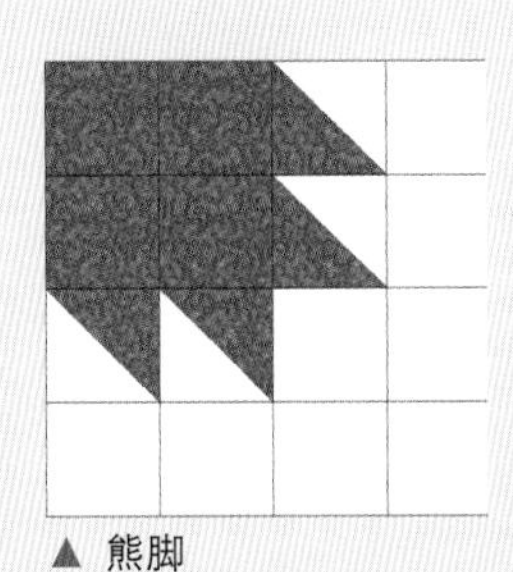
▲ 熊脚

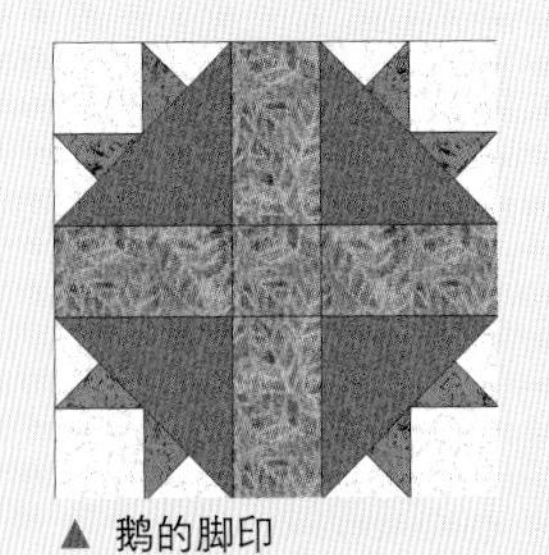
▲ 鹅的脚印

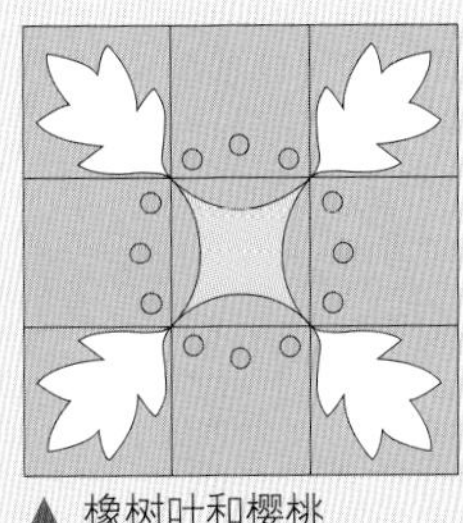
▲ 橡树叶和樱桃

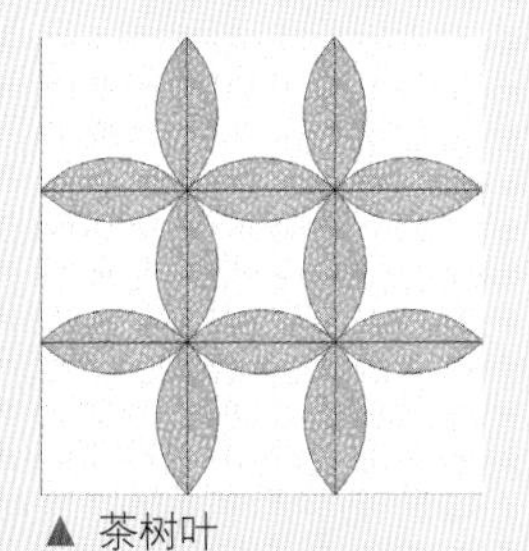
▲ 茶树叶

▲ 猫和老鼠

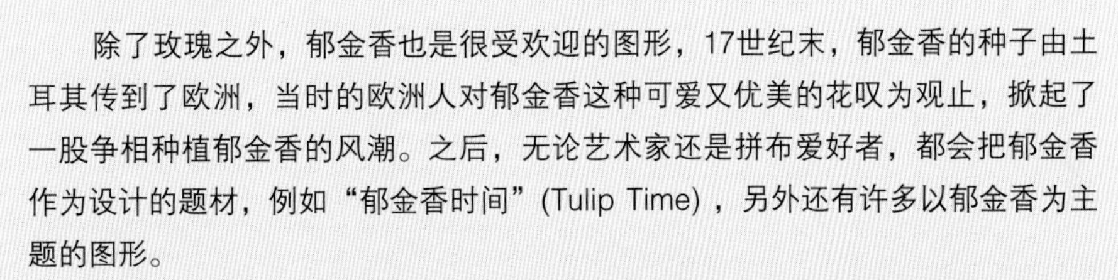
除了玫瑰之外，郁金香也是很受欢迎的图形，17世纪末，郁金香的种子由土耳其传到了欧洲，当时的欧洲人对郁金香这种可爱又优美的花叹为观止，掀起了一股争相种植郁金香的风潮。之后，无论艺术家还是拼布爱好者，都会把郁金香作为设计的题材，例如“郁金香时间”(Tulip Time)，另外还有许多以郁金香为主题的图形。

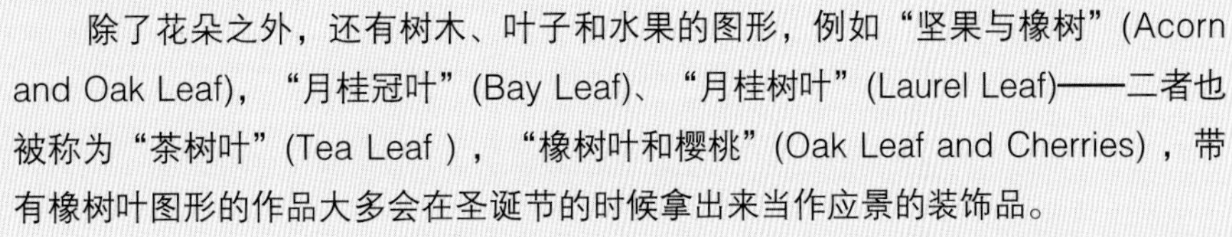
除了花朵之外，还有树木、叶子和水果的图形，例如“坚果与橡树”(Acorn and Oak Leaf)，“月桂冠叶”(Bay Leaf)、“月桂树叶”(Laurel Leaf)——二者也被称为“茶树叶”(Tea Leaf)，“橡树叶和樱桃”(Oak Leaf and Cherries)，带有橡树叶图形的作品大多会在圣诞节的时候拿出来当作应景的装饰品。

▲ 蜜蜂

动物造型的图形

在所有与动物有关的图形里，以鸟为主角的占多数，其中又以鹅的图形居多，因为在美国东海岸早期的时候，几乎家家户户都养鹅，这些家禽的肉可以成为餐桌上的美味，而其羽毛又可做成羽毛床或被子，所以鹅对美国人贡献良多，于是美国妇女做了许多鹅类的图形，为它们祈福或表达感谢之意。比较常见的有“鹅的脚印”(Goose Tracks)、“火鸡的足迹”(Turkey Tracks)，还有之前介绍过的“鹅群”(Flock of Geese)、“空中飞鸟”(Birds in the Air)等等，这些图形几乎都是用几何图形中的三角形来代表鸟的形状。

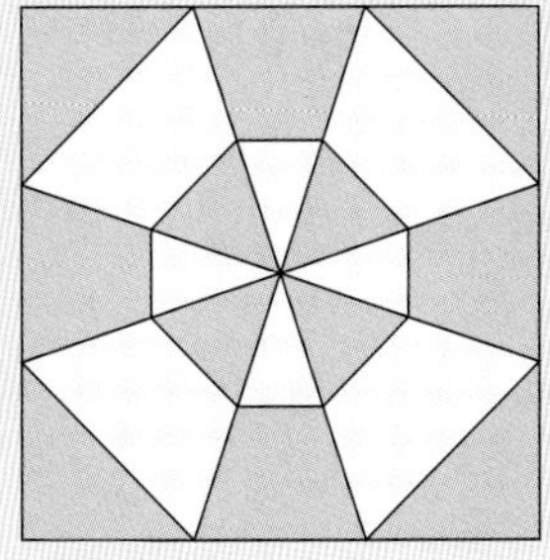
▲ 蜘蛛网

另外，关于其他动物的图形有“熊掌”(Bear's Paw)，这个图形已成为拼布的基本教材之一，还有“熊脚”(Bear's Foot)、“飞翔的蝙蝠”(Flying Bat)、“猫和老鼠”(Cat and Mice)、“金鱼”(Gold Fish)等可爱的图形。除此之外也有昆虫类的多种图形，例如拼布基本教材中常见的“蜜蜂”(Honey Bee)、“蝴蝶”(Butterfly)和“蜘蛛网”(Spider's Wed)等等。

以地名命名的图形

曾经生活过的环境、美丽的街景或是曾去过的美丽景点，往往让人在多年之后仍难以忘怀。18、19世纪（开拓时期）对于美国人来说，那些让人难以忘怀的开拓地点，的确是会引起珍贵回忆的地方，于是拼布爱好者便会把这些经历过的地方设计成拼布的图形，让更多人知道这些名留青史的地方。其中比较著名的就是“纽约美人”(New York Beauty)，借由纽约女性散发出的简洁有力的知性美来呈现纽约的都会风情。

▲ 纽约美人

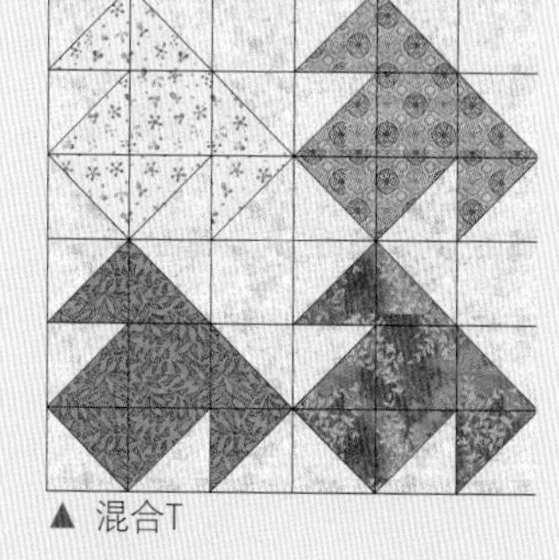

▲ 混合T

▲ 文字X

英文字母变化而成的图形

大家都知到英文字母总共有26个，在一定的规则之下这些字母的排列组合便构成了词语，同样，文章及诗词也是利用这些字母组合而成的，这26个字母可以说是欧美文化的根基，其重要性自然不在话下。字母的图形设计几乎都是用大三角形、小三角形、大正方形、小正方形拼接而成的，例如我们常看到的“混合T”(Mixed T)是将“T”字正反相对，利用深浅对比的配色来凸显出字母，还有一些字母的是以似有若无的感觉来展现，例如，“文字X”(Letter X)或是“四个H”(Four H's)，仔细看它是字母，多片一样的图形区块拼接在一起又像是万花筒，转个角度又是另一种不同风格的作品，可谓千变万化。

在100多年前，美国小朋友就是从这26个字母开始学习识字的，妈妈们便用家里做衣服剩下的布料为小朋友们做字母壁饰，不但可以帮助小朋友们熟悉这些字母，还可以为家里增添一些装饰色彩，可以说是一举两得的作品。

▲ 四个H

▲ 卷线轴

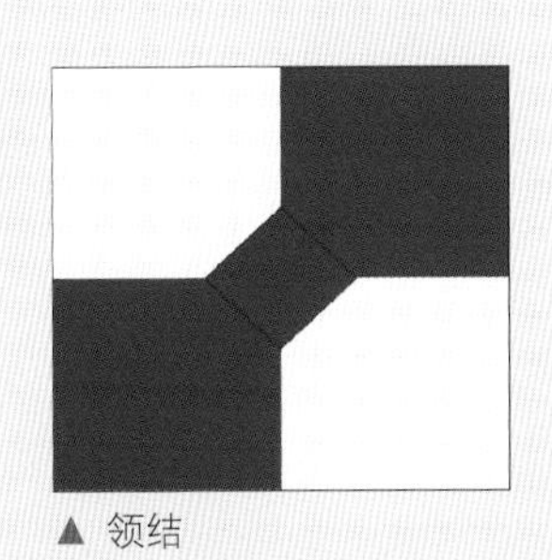
▲ 领结

▲ 柳橙提篮

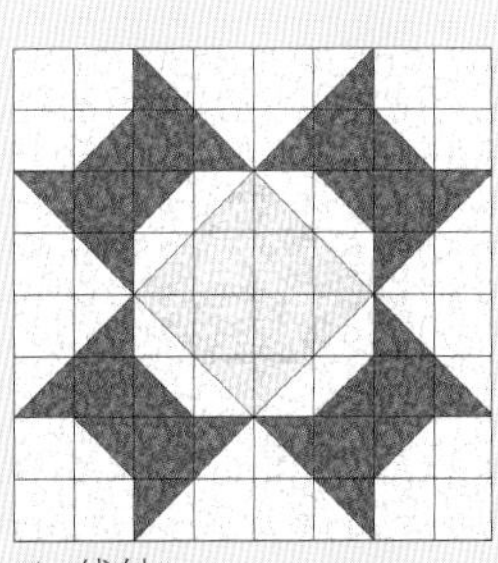
▲ 线轴

生活用品所形成的图形

另外，人们在日常生活中接触到的物品，大都可以成为拼布图形的灵感来源。举例来说，用藤条或稻草编织而成的提篮，在当时是生活中不可或缺的用品，正因为如此，利用提篮的造型设计而成的拼布图形便相当常见，而且随着个人的喜好、运用巧思、加上一些技巧，就可以衍生出既丰富又多样化的提篮图形，例如“花篮”(Flower Basket)，利用单纯的拼接加上贴布缝形成有点变化的“提篮”(Basket)、“四角小提篮”(Four Little Basket)、“柳橙提篮”(Basket of Oranges)等，这类提篮的图形有20种以上，大部分都产生于新英格兰地区。

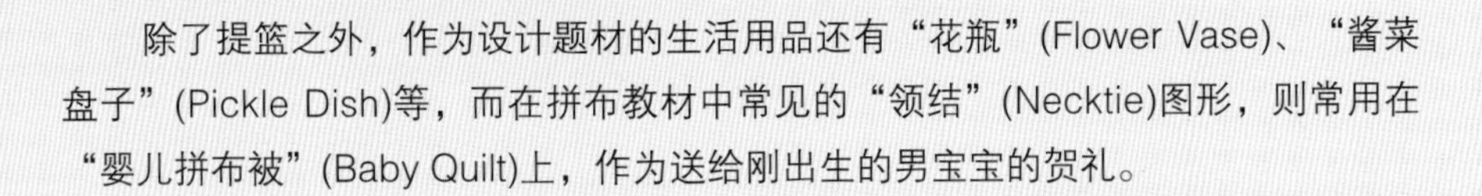
除了提篮之外，作为设计题材的生活用品还有“花瓶”(Flower Vase)、“酱菜盘子”(Pickle Dish)等，而在拼布教材中常见的“领结”(Necktie)图形，则常用在“婴儿拼布被”(Baby Quilt)上，作为送给刚出生的男宝宝的贺礼。

还有一个我个人很喜欢的图形就是线轴(Spools)。在传统的部落里应该还可以看得到这种线轴的原型，线轴图形其实也有很多种变化，在配色的运用上可以尽情发挥，呈现出丰富的内涵，是相当受欢迎的图形。

拼布图形的种类相当多，如果说每一个拼布图形背后都有一段故事，真的是一点也不为过。由于经过上百年的演变，流传到现在的图形几乎是多到数不清，以至于产生了同名不同形或是同形不同名的状况，或许会对拼布爱好者造成一些困扰；其实无论图形的名称如何，应该无损于大家在制作拼布上的热忱与兴趣吧!

* 参考资料是由日本文化学园大学图书馆提供。

参考资料
★『パッチワーク・キルト大事典』（1998）パッチワーク通信社
★小林恵『アメリカンパッチワークキルト事典』文化出版局
★小野ふみえ（1994）『キルトに聞いた物語』暮しの手帖社
★有贺贞・大下尚一（1979）『概説アメリカ史』有斐阁
★冈田泰男编者(1988)『アメリカ地域发展史』有斐阁

Chat 7
Halloween

万圣节曾经是带着阴森可怕气氛的节日，而这种习俗沿袭至今似乎已经没有宗教的色彩了，反而成了广告商宣传活动的机会，商场的布置也充满了有趣、创意和特别的色彩组合。

有些店家在万圣节前，除了陈列万圣节饰品，还准备了成堆的大、小南瓜和各式包装的糖果、饼干，欢乐的气氛早就扫除了可怕的感觉。因此万圣节成了小孩的节日，似乎大人也期待这节日的来临。

文字提供／陈节老师　摄影／詹建华　美术设计／Celina　单元协助／布能布玩拼布生活工坊(台中河北店)　TEL：04-22450079

Halloween
尺寸：117cm×117cm
作者／陈节老师

作品制作趣谈

每年万圣节我都会制作一幅小壁挂，尤其是在孩子小时候用来营造气氛并让他们参与节庆活动，非常有趣！这张作品利用多块白底衬黑造型图案布当背景，随意车缝组合后，裁出需要的尺寸，缝贴简单的南瓜和巫婆帽，而四边的装饰条布使用波纹状增加逗趣。色彩组合除了运用传统万圣节的橘色和黑色外，也加入蓝色与绿色增加多彩感，边条选取有趣的图案布，为万圣节带来欢乐！

Halloween Party 尺寸：97cm×112cm
作者／苏怡绫

陈老师讲评：

每年秋天是南瓜收获的季节，因此秋天的南瓜和稻草人等已成了万圣节的特征。作品选用橘色底衬黑的蜘蛛网为背景，剪下现成的印制图案将其集合拼贴，像鬼怪、稻草人、黑猫和蝙蝠，这些都是万圣节的代表元素，虽然制作简单，但已把节日气氛烘托出来了。

要拍照哦

尺寸：88cm × 78cm
作者／徐犇祯 (Pany)

陈老师讲评：

黑色和橘色是万圣节的传统色彩，但我们可大胆使用紫色、绿色和萤光色，所以我觉得制作万圣节的作品，能让我们玩搞怪的色彩游戏和发挥想象力。利用趣味构图增加南瓜、黑猫、鬼怪的可爱感，鲜艳色彩的陪衬营造出可爱版的万圣节，似乎恶灵已被赶走了，迎接新年的来临！

女巫的万圣日记

尺寸：125cm×109cm
作者／ Lin Yuann

★感谢支持！本单元推出后广受读者热烈回响！
欲报名陈节老师课程请洽布能布玩拼布生活工坊（台中河北店）

陈老师讲评：

喜欢万圣节的人，相信会收集许多这个节日的图案布，每年都有这些诱人的主题布，挺讨人喜欢。这张作品把6张图案布与小方块缝合，以橘色和黑色作为整体基调，边条采用青蓝色跳出主题布的色彩，再把巫婆和装饰图案贴缝在边条上，制作出热闹的节日气氛，很耐人寻味。

学习拼布也能长知识，
水果知识一次报你知。

四季苹安、事事苹安
=四季平安、事事平安

作品设计、制作、提供／苏惠芬老师 摄影／詹建华 美术设计／陈启予

设计缘由

在各个艺术领域，以四季风格为题材的作品不胜枚举，苹果在中国又象征着“平安”。此次以苹果为主题并与四季结合，运用近几年拼布界日异更新的机缝技巧，包括贴布、包绳绣、自由曲线、包边等，让各类不同的素材及布料共同创造出不同的四季风格，完成的作品呈现出崭新的面貌。

“四季平安、事事平安”，以这个主题与大家共同分享，也祝福大家事事平安，顺心如意！

作品尺寸：约 65cm × 65cm

九周年特别企划
Part 1

Special《巧手易》带你环游布世界

摄影／《巧手易》型男摄影师群 文字／Anjing 美术设计／Celina

回顾《巧手易》的九年之路，
“旅行”总是作者们最能找到灵感的一个创意来源。
在旅程里的回忆点滴、人文风景……
全部都是生命中珍贵的宝物。
自 NO.42 期到 NO.47 期的杂志里，
我们邀请许多拼布人共同创作了各国的景致壁饰，
受到许多读者的欢迎。
在《巧手易》九岁生日的这一刻，
跟着小编一起追寻这些拼布足迹，
找回那些旅行时的美好感动吧，
说不定也能触发您更多的创作想法呢！

Taiwan 台湾

手作宝岛
为迎接辛亥革命100年，用6个边长30cm正方小壁饰拼接成台湾岛的形状，是将最爱的手作心意注入情感完成的团体作品。
设计、制作／陈慧如老师、Little Jane、Grace、Lily、Abby、Sakura、Kelly
作品尺寸：60cm×90cm

Northern Europe 北欧

璀璨极光
拥有绚丽颜色的布块与璀璨绚烂的极光，相互交集成令人惊艳的北欧印象作品。
设计、制作／Miss Su 拼布学园 苏惠芬老师
作品尺寸：103.5cm×101.5cm

Egypt 埃及

古文明的如幻似影·埃及巡礼
纪念一趟特别的北非之旅，
用拼布记录下对埃及的感动。
设计、制作／雅樱拼布艺术 林雅樱老师
作品尺寸：50cm×30cm

Mexico 墨西哥

Halo! 热・晴 AMIGO！
可爱的人物脸形是墨西哥国旗，弹着吉他的歌手表现出一股民族风热情。

设计、制作 / 刘静娟老师、郭晴晴老师

作品尺寸：93cm×80cm

Mexico 墨西哥

墨西哥印象
以玛雅文化、特色建筑为重点，呈现出墨西哥神秘的多元面貌。

设计、制作 / 铃兰拼布手作艺术坊 林兰老师

作品尺寸：92cm×109cm

Mexico 墨西哥

永远快乐的墨西哥人
身穿华衣的骷髅新人，象征着墨西哥人乐天知命。对生死永远乐观的豁达态度。

设计、制作 / 李婷姿老师、林诗龄老师、王美芳老师、林美铃、林惠玉、王姿匀、吴淑清、黄月霞、萧丽慧、陈冬雅

作品尺寸：175cm×105cm

Holland 荷兰

飘着花香的城市
将荷兰独有的众多特色尽收眼底的团体创作。

设计、制作 / 鸭子拼布屋 叶美华老师、张荧宴、叶霈妤、林淑珍、陈惠钗、徐丽娟

作品尺寸：60cm×60cm（每幅）

Americα 美国

美国梦
把自由女神像的剪影与美国国旗融合在一起，创造出协调又极具文化意义的特色壁饰。

设计、制作 / 彩艺拼布中心 许淑丽老师、陈霈涵

作品尺寸：80cm×60cm

America 美国

走进美国
生动地将国旗、夏威夷、华盛顿苹果等与美国息息相关的图案元素加入，使壁饰画面更为丰富。

设计、制作 / 快乐屋拼布教室 张碧恩老师

作品尺寸：125cm×127cm

拼布做累了，
不如为自己充个电，
找时间安排一趟小旅行吧！

China 中国

今昔
以中国湖南省相传数百年的女性文字"女书"为背景刺绣的人文特色作品。

设计、制作 / 布里红拼布社 林诗龄老师、王美芳老师、傅姗姗老师、王梅珍老师、吴美玲老师、邱春华老师

作品尺寸：104cm×137cm

孟丹老师

DATA

妙想工作室

地址：杭州市西湖区体育场路与金祝北路交叉口金祝新村 1-1-502

电话：18858112123. 0571-28992642

作品：热情

杭州 妙想工作室

摄影采访 / 特约编辑　詹宏人　美术设计 / 陈启予

工作室一角

西湖实在太有名了！

这次访问孟丹老师，有一半心思放在西湖泛舟。巧得很，金祝新村妙想工作室的位置紧邻西湖，走进五楼工作室，室内两面向光，一面是树梢间透出的金绿光，一面泛着远处湖水潋潋的蓝光，混合成山岚状的湿涩感，一进门就发觉这里有西湖的味道。

我心满意足地啜着西湖龙井，静听着孟丹老师的故事："从小喜欢手工的我，2006 年一次在工作之余，无意间浏览到拼布作品，一下子就吸引了我，我开始从论坛、网站、博客等地方搜罗相关的资讯，收藏起来慢慢欣赏。我便从每日必逛休闲娱乐论坛转变到与手工论坛为伴，充满美丽的作品让我心情激动，幻想着某一日可以做出那些美轮美奂的拼布作品，也梦想将来可以有一间自己的手工工作室，分享手作的心情、结交同好之人。但在当时而言，也确实只能是一个幻想。"

布柜布块折成半尺宽，小巧玲珑排成一列，如果园般丰满结实，生出甜熟的味道，孟老师说："眼馋了几个月后的某天，我终于鼓起勇气买来了一本拼布书《悠游拼布中》，照着书上的教程花了整整一个下午做了一个束口袋，虽然有些不满意的地方，但是却给了我无比的信心，于是手作的旅程便开始了——我在网上开了博客，记录着手作的历程，也因此结交了很多网友，也有很多走下网络在生活中成为朋友的同好之人。拼布之于我，慢慢地从一个简单的兴趣，转变成了生活中的重要组成部分。""当年想学拼布要如古人般负笈进京。因对专业拼布知识的渴望，我参加了北京拼布讲师养成班，通过一年多的学习，精进了技艺，有了自己的领悟和想法。在获得了拼布讲师资格证书后，跟家人商量开设一间拼布工作室，得到了他们的理解和支持，于是放弃了不俗的工作收入，开始了拼布教学的路程。于是，曾经的幻想和梦想都在慢慢开始实现，这是一个美妙的过程。"

作品：心湖

春天的花园

杭州有 7 家拼布教室，孟老师对杭州发展有乐观的依据：杭州是一座开放的休闲城市，资讯发达，人们接受新事物也比较快，会是一个很有潜力的拼布市场。杭州现在有专营拼布、布艺的教室 3 间，其他兼营的拼布手工教室约有三四间，妙想拼布工作室是杭州首家也是目前唯一一家日本手艺协会认定的教室。孟丹老师啜了一口茶，尔后缓缓放下茶杯，指着她的作品，神情越发欣慰。

西湖景色号称天下第一，湖光山色，长堤垂柳，断桥晓月，我沿着湖边漫步，没有目标，只是闲荡，悠悠然自有一种闲情逸致的满足，过断桥，远处山凹雷峰塔若隐若现，恍惚间我像看到白娘子立伫长堤边，撑着油伞，神情落寞却风华绝代，这景致不只是美，而是媚；我想因其妩媚，也唯有妩媚，才能让西湖得享千年天下第一。

李晶老师

DATA
花妖工作室
地址：天津市河西区永安道德恩公寓4门903室
电话：022-23263970
手机：13102112368

海桥

天津 花妖拼布

摄影采访／特约编辑　詹宏人　美术设计／陈启予

教室一角

走出天津车站，硕大广场尽头一整片欧式塔楼遮住了视平线。穿过广场，步行在复修后原德国租界区，拱门、回廊、阳台，美轮美奂，旁边一条滔滔海河隔断老区，过桥栏柱上，遍竖石雕神像，极目所及，尽是欧洲风情。作为京城的出海口，此处百年来染满了德、意等欧陆诸国的颜色，但今日天津却有巴黎的身段。

李晶老师的花妖拼布店，坐落在海河西岸。老师先谈店号，也是她的愿景：“花妖拼布工作室，花妖是花之精灵，总是在花的海洋里翩翩起舞；我每天都要和各种颜色的花布交谈，就像是花之精灵，在花间自由自在地遨游，也希望学生们在教室做手工，就像是在花丛中飞舞。”教室明亮宽敞，五颜六色的布柜，一幅傣族泼水节的贴缝壁饰，万紫千红，主人眼神灵动，室内五彩缤纷。

“我从小就喜欢针头线脑，1997年一段闲暇的时间里，我学习了服装设计裁剪。三年前迷上了做韩娃，无意间在一个手工论坛里看到了拼布，被其吸引，不能自拔。以一年半的时间在台湾老师的指导下拿到了讲师证书，从此便更加沉湎于拼布的浩瀚里，从原来在家里10平方米的客厅缝缝，到现在有百平米的教室，每一分钟都有着一份执着和热爱。坚持着自己的创作理念，做着自己的与众不同。因为每一件拼布作品都会展现不同的心境……”

清末以天津为西化试点区，能得风气之先，20世纪90年代初，日本手工艺界就从天津登陆，工具推广，手工课程，都曾在天津结果。

因得风气之先，天津人天生放眼大局，李晶为人热情，拼布是她的志业：“我衷心希望中国的拼布在每个角落开花结果，每个学员都能够有自己的原创作品，自己也想在来年继续深造，在技术上更精进，能创作出大师级的作品。”

回程横跨海桥时，从花妖一名忆起《诗经・桃夭》篇：“桃之夭夭，灼灼其华。之子于归，宜其室家”，花样年华的姑娘(之子)，以拼布立命，花色妖娆，祝福宜其自家，欣欣向荣。

得意的作品

教学

泼水节壁饰

2012年（第四届）亚洲拼布节 最佳创意奖
作品：盲
作品尺寸：50cm×50cm

Star 1 周年特别星

作品设计、提供／杨楠老师 采访、文字整理／Magi 美术设计／陈启予
人物专访：杨楠老师

通过拼布同好得知中国目前有位很红的拼布老师，大家昵称为“木头老师”，这位老师忙碌游走于中国各大城市（北京、南京、重庆、深圳、上海、郑州等）教学，除了高人气之外，最特别的是，他竟是位年轻小伙子。小编很好奇地看了他的博客，从他2007到2012年的拼布日记中，从他的拼布作品中了解了他的学习心路历程，也明白了他广受欢迎的原因。每件作品的拍摄都非常唯美，从作品的配色可看出一种脱俗清新感。听说木头老师原本念的是刚硬的土木工程，却选择了柔软的拼布艺术。在《巧手易》九周年特别星单元里，让我们一起来认识中国新时代的拼布之星——杨楠老师。

拼布让我更沉静地生活着，
学会享受自己的生活。
拼布使我变得更加自信！
BY 杨楠老师

以下采访简称（H：Handmade 杂志 杨：杨楠老师）

H：如何与拼布结缘？为何喜爱拼布？

杨：我在网络里发现了拼布，盲目地开始尝试，结识了同好，2006年底到上海亲眼看到了真正的拼布，参观了真正的拼布教室，彻底沦陷！我之前也做过其他手工艺，如蕾丝绣、帕吉门、十字绣等，坦白讲，在开始拼布的初级阶段，只是想尝试新的手工艺，并不能说是多么喜爱，因为并不是很深入的了解。大学的专业与艺术毫无关联，念的是土木工程系。但是从小就开始学习小提琴，我想那十几年的经历，让我对艺术有一种渴望。

H：学习拼布有几年了？拼布资历是什么？原本的人生规划就是走教学之路吗？

杨：我从2006年开始学习拼布至今，也包括以后！（笑）关于资历问题，是列举证书吗？No！我不喜欢晒证书！在我看来证书不代表拥有那个水准！但坦白讲，在我开始学习的时候，并没有证书之外的课程，我也不清楚证书有什么用处，毕竟大陆的拼布环境与台湾不能相比，起步晚，资源少。只是碰到一个比较正规的学习课程，所以就开始啰。在学习了一段时间后，我大概明白了证书的用处就是教学的资历，于是对证书有了一种崇拜！努力啊努力，就为了一纸证书！渐渐地，发觉自己为了证书，使得一件本来是自己喜欢的事情变得让人厌倦，停滞了一段日子，正好自己的新家忙于装修，于是，拼布渐渐变淡了；但是没有原地踏步，只是进展得很慢，好像没有刚开始的冲劲了。多亏一些拼布的同好，一路

时间交错壁饰

的夸赞，给我信心坚持下来，还是坚持学完了手缝讲师的课程，并开始了机缝的新旅程，2012年4月结束了机缝讲师课程。所以在很长的一段时间里，我都不想教学，不喜欢教学，不喜欢人多的环境。直到我真正从拼布中体验到了内心的欢愉，机缘巧合，我的教学之路顺理成章地开始了！

H：最喜爱的拼布技法是什么？

杨：目前以机缝为主，努力尝试具有现代感的拼布。在我看来，拼布不只是简单地运用布料的拼接运动，我希望我的作品更有思想。我希望通过拼布这个平台，讲述我的故事，这是我所追求的，也一直这样努力着。

H：目前老师因为教学游走于各大都市，是否可以分享教学的甘苦趣事？

杨：哦！教学之路不易走，体力要建设，心理建设更为重要！对于一个没有教学经验的人来说，第一节课偶尔的颤抖可以理解么？哈哈！不同的环境，面对不同职业、不同基础的学生朋友，对于我来说在刚开始的阶段确实有点辛苦，当然要谢谢大家的包容。痛并快乐着！帮助每一个学生完成她们自己的作品，是对老师的一个很大的考验，我很享受！虽然每次外出教学，我都没有给自己留太多游览的时间，几乎都和学生们在一起。在疲倦的时候，我笨拙地学习各地方言，就成了大家的开心时段！因为我生活在北方，所以有些习惯词也会让南方的学生们困惑，我们彼此消遣快乐着。茶余饭后，我们分享彼此的生活见闻。与陌生人的相处，更快地适应新环境，更自信地展示自己所学，这些都不断丰富我的人生经历，我的收获也刺激着我在作品设计阶段更多的思考。

H：目前学生的年龄层次是怎样的？学生学习拼布是纯粹出于兴趣还是往后想以此为职业？

杨：我学生的年龄跨度比较大，但是从25到35为主，年长的可能接近60岁。因为我不开设证书班，所以学生都是纯粹的兴趣爱好！我更希望她们能跟我一起分享拼布的快乐，没有目的，很纯粹地做一件事情。

H：您对初学者的建议是什么？

杨：选对老师很重要。

H：对拼布环境有什么期许？

杨：更健康，更正规，更职业，更有深度。

H：您有什么未来的人生梦想及规划？

杨：我是一个不太规划未来的人，一切看缘分吧。但是人生不能没有梦想，请允许我不讲。开心，健康，积极地活着！

红石公园工具包

小编后记：
与杨老师经过几次空中访谈，在采访稿中我们询问老师的年龄并问他是否介意？老师可爱地回答“当然不介意，我是男人。”我想杨老师的超人气并不是因为年龄或性别，而是他那北方人的率直、给人的亲切感和他对拼布的热忱及认真所引起的共鸣。

杨楠老师小档案
年龄：1981年5月8日
星座：金牛
血型：B
拼布以外的兴趣及收藏：
古典音乐、园艺、杂货
喜爱的料理：不挑食的人类，
愿意尝试各种美食。
http://blog.sina.com.cn/ynz

Star 2 周年特别星

作品设计、制作、文字提供 / 蔡惠敏老师 情境摄影 / Akira
做法摄影 / Milk 做法文字 / Magi 美术设计 / Chaco

材料准备

- 表布(点点图案布) 30cm×30cm 2片
- 里布(黑色布) 30cm×35cm 2片
- 素色土台布 20cm×20cm1片
- 填充棉
- 铺棉
- 毛线

厨房隔热手套

这次用到的"Torapumto"是源自法国普罗旺斯的传统技法，它与素压最大的不同在于塞棉。此技法在当时的法国社会里是贵族的专属，通常会配合较优雅的图形制作。

这次的教学重点在于将此技法配合现代感的图形，运用在烹饪用的隔热手套、隔热垫中，让每次的烹饪更充满用心的感觉。一般市面上的隔热垫尺寸过大且没有手部曲线，而这个隔热手套则是按照个人手形制作的，符合人体工学不易滑落。一般两手的隔热手套，就只有隔热手套的功能，而此处的另一只则设计为两用式的隔热垫，让它同时可作隔热手套之用。

内附原尺寸图 完成尺寸：约横18cm×直33cm

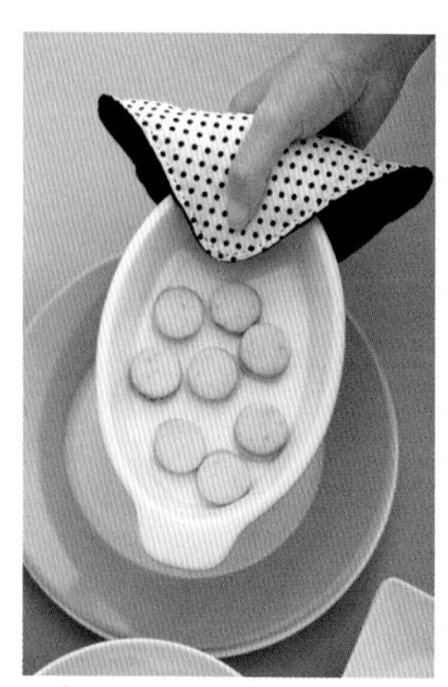

两用式厨房隔热垫・隔热手套

作者简介

蔡惠敏老师

于纽约工业技术学院取得硕士学位，主修视觉传达，从事平面视觉工作十多年；取得日本手艺普及协会讲师执照，从事拼布创作已近十年。曾在日本居住一年，目的在于多了解拼布的精髓，以补充台湾拼布资讯的不足。对拼布有自己的看法和见解。
labno19@gmail.com
TEL：0932-565349

How to make

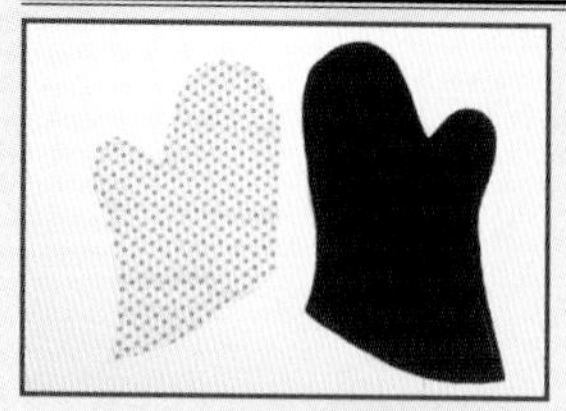

1 表布A及里布各裁1片(另裁左、右对称的表布A及里布)。

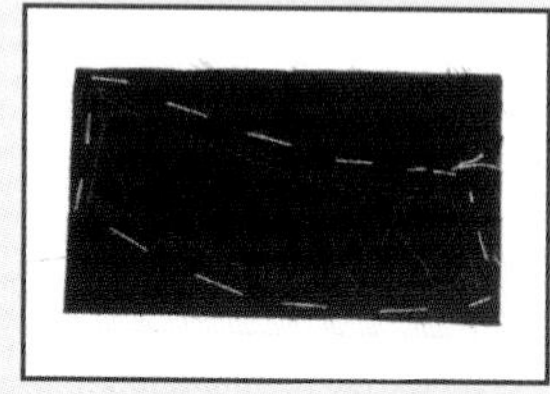

2 表布B黑色素布裁约20cm×15cm，加土台布，画出图案后如图四周用疏缝线固定。

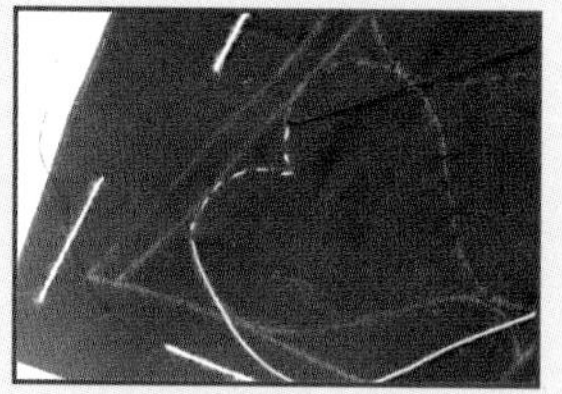

3 用手缝专用压线依爱心的线条缝合两层(缝线的间距约0.1cm～0.2cm)。
※为了让读者能明白易懂，故使用粉红色的线，实际缝合时请使用与布片相近颜色的线。

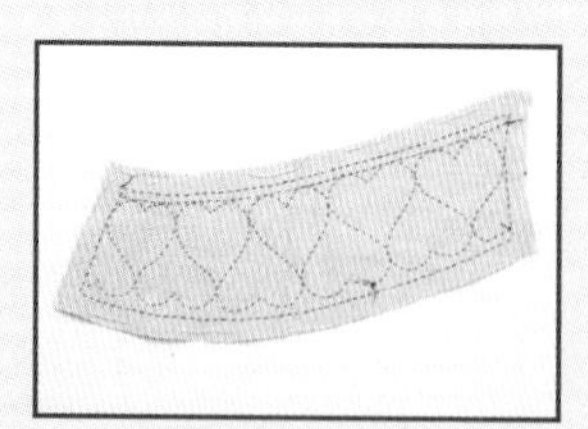

4 反面完成图。
※因为等一下要塞填充棉，故土台布建议使用织目少、较薄的布。

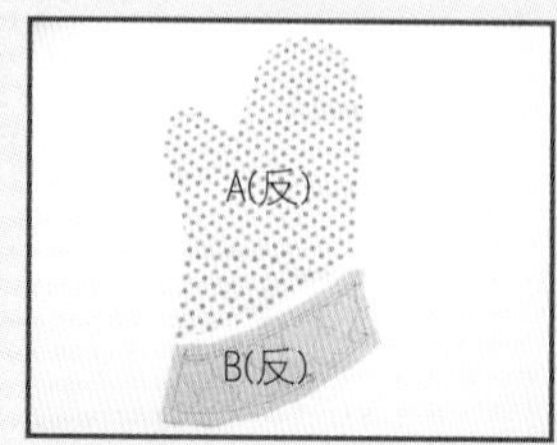

5 表布A与步骤4的表布B，画上合印记号准备拼接。

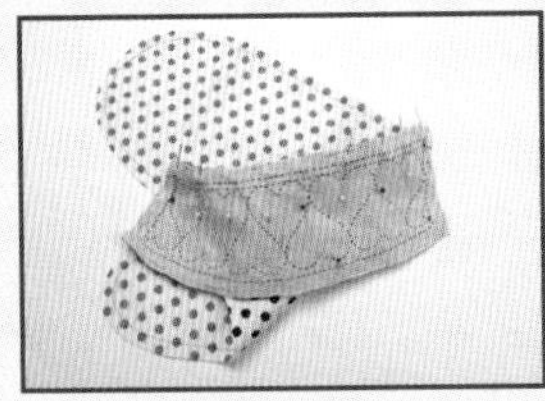

6 拼接处因为有弧度，固定的珠针应多一些，这样缝出的线条才会漂亮。

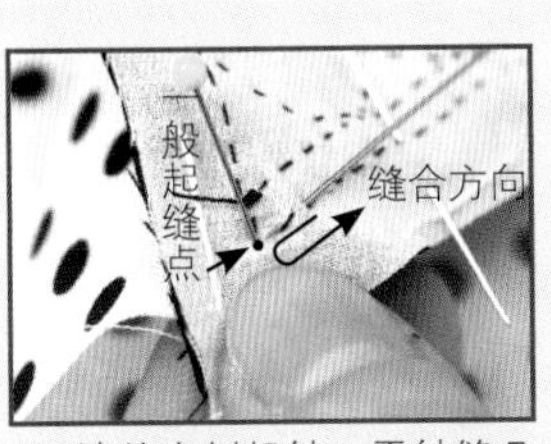

7 请从内侧起针，平针缝几针至起缝点处之后，再回几针才开始缝合，因为手套会常常使用，故制作需很牢固，建议缝合时针距密一些，且每缝两三针就需回针，这样会比较牢固。

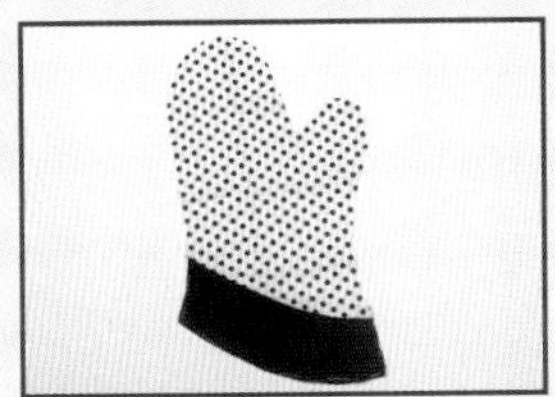

8 表布完成(同步骤1～7，完成另一片表布)。

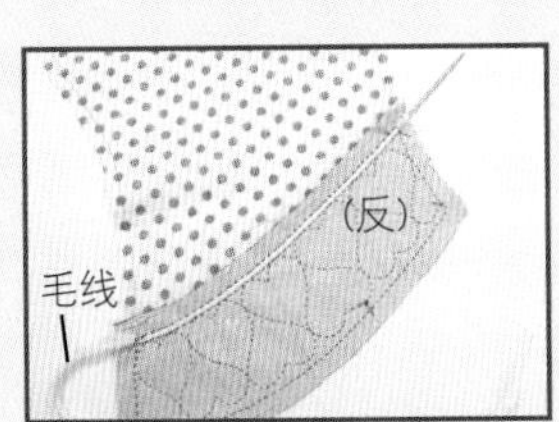

9 翻至反面，针穿入2条毛线，再如图穿入表布B的上方。

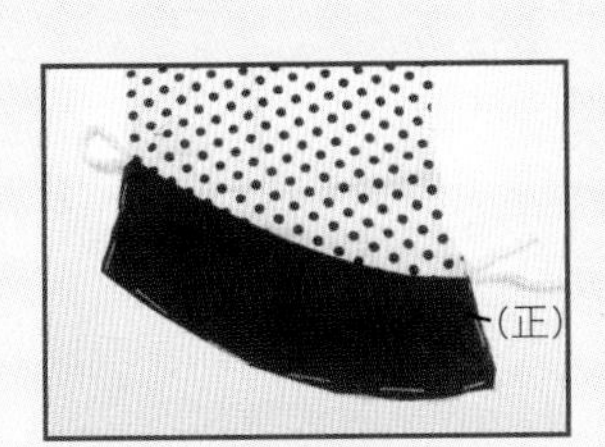

10 再反方向穿回，共于表布B的上方穿入4条毛线。

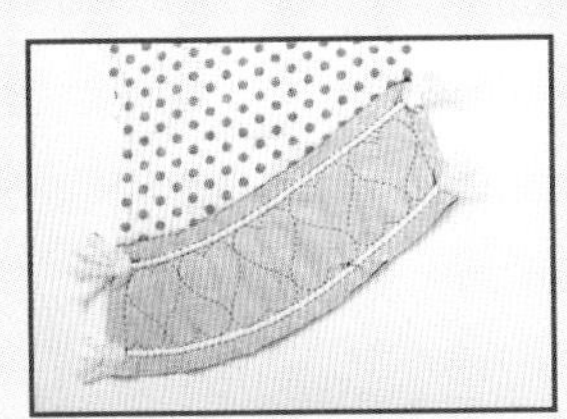

11 表布B的下方同步骤9、10也穿入4条毛线。
※上、下方穿入毛线后需将布拉平。
※毛线穿入后鼓鼓的，使其有收边的感觉。
※主体外侧的毛线需留约2～3cm，但最后会修短。

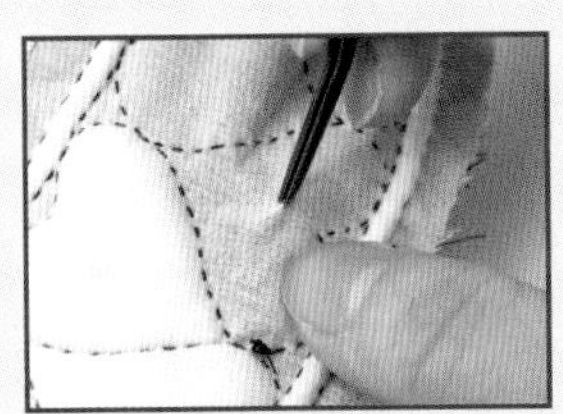

12 用镊子如图将土台布的爱心图案中间的布夹出小孔。

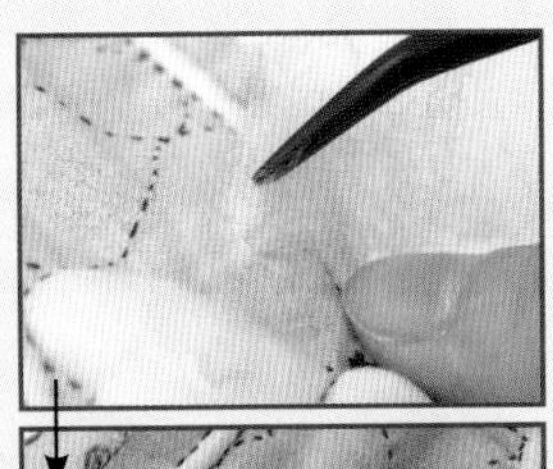

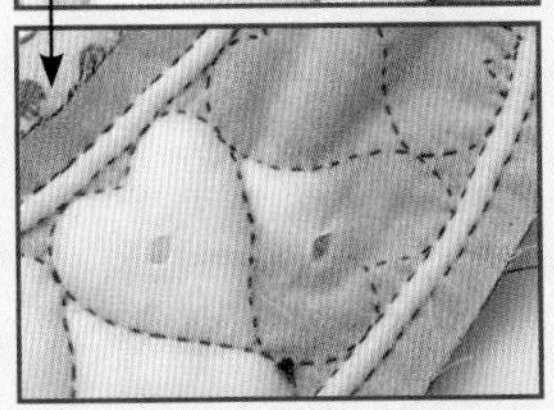

13 镊子夹少许的填充棉，将填充棉转一下再塞入孔内，塞入时先从爱心图案的尖处开始。

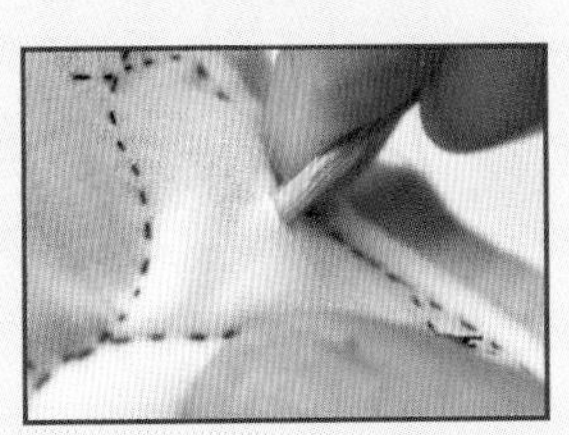

14 可用竹签辅助将填充棉往里面塞满。

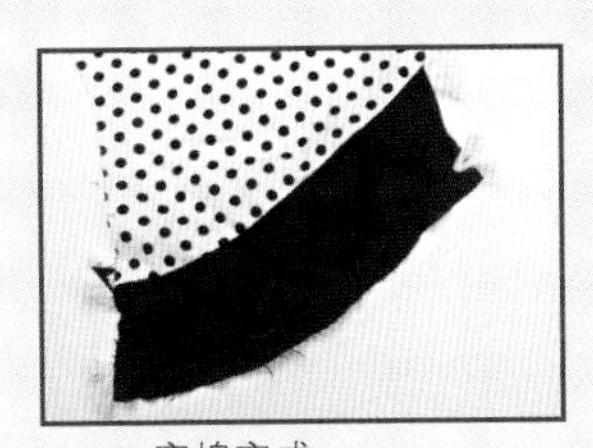

15 塞棉完成。

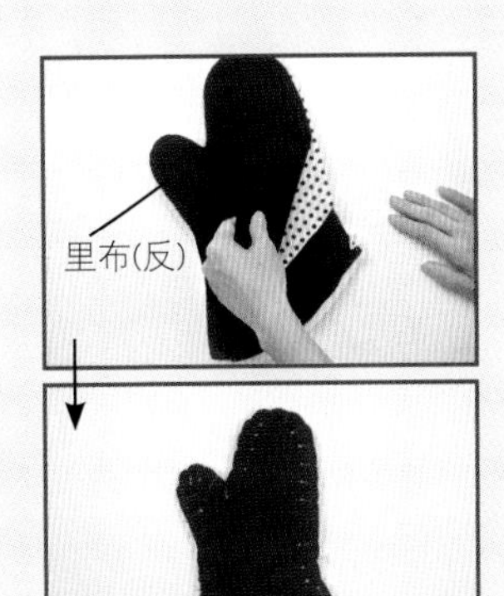

16 步骤15的表布与里布的正面相对，用珠针固定。

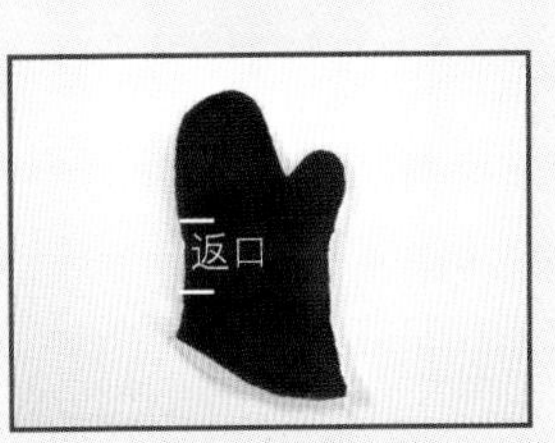

17 平针2、3针就回1针，缝到毛线处需回针使毛线固定（一侧留返口）。

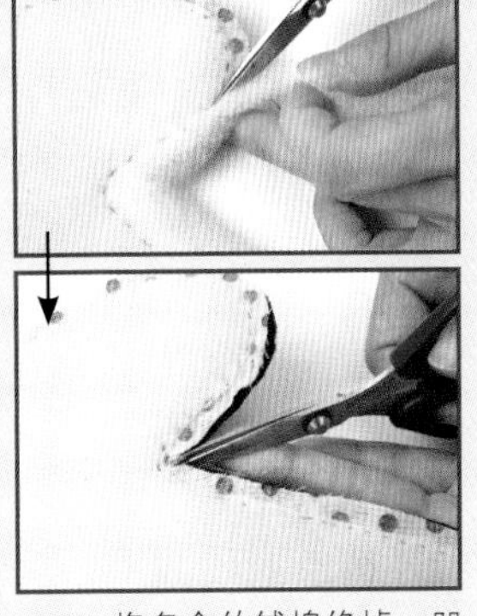

18 将多余的铺棉修掉，凹处需剪牙口。

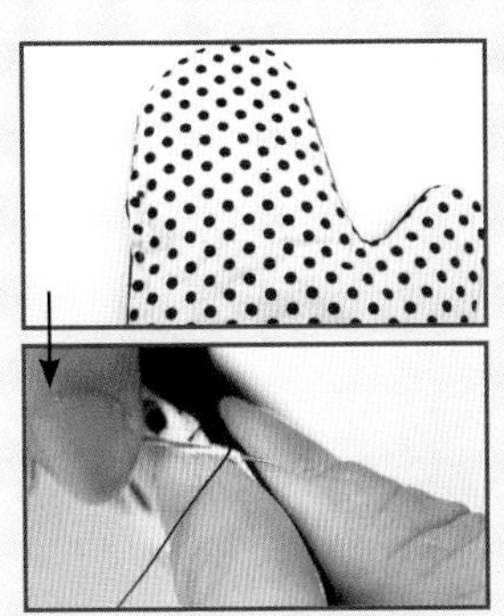

19 从返口处翻至正面，返口处用珠针固定，再藏针缝缝合。

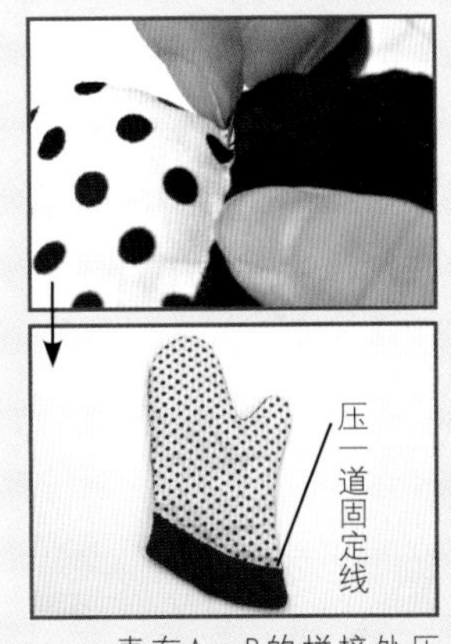

20 表布A、B的拼接处压缝一道固定线，完成一片(另一片相同做法完成)。
※起头要藏线头，下方因为有塞棉比较蓬松，所以缝时不要拉太紧。

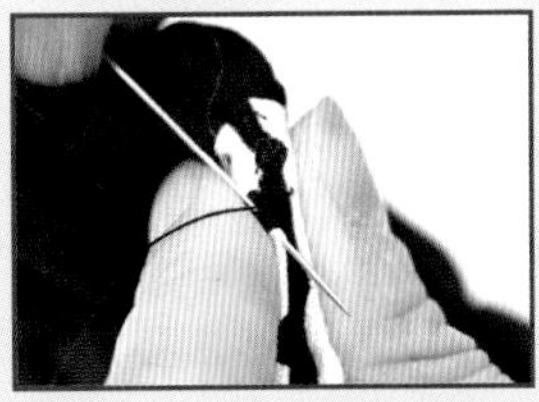

21 2片布的正面相对，藏针缝合。
※藏针缝合时，针距小一些，只需缝外层的表布。
※(★记号)套入手之处要多缝几针。

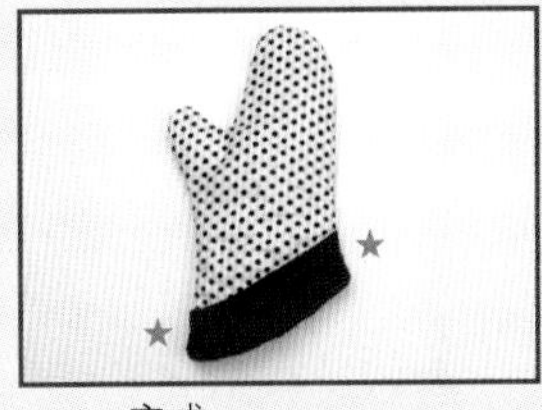

22 完成。

Star 3 周年特别星

作品设计、制作、文字提供／俞攸洁 老师 摄影／Milk
做法文字／Magi 美术设计／Chaco

内附原尺寸图 完成尺寸：11cm×14.5cm

草莓蛋糕随身包

和拼布相遇前是专职的服装设计人，虽然同样是与布相处，但完全是两个境界，于是选择了台湾最专业的拼布杂志——《巧手易》，作为引领我入门的最佳导师。丰富的手作内容和浅显易懂的图说及拼布历史、展览介绍真是应有尽有。

想要送您一个小cake包，让我们永远都记得生日开心的欢笑声，也欢庆同样在10月生日的《巧手易》杂志和我自己，请您一起动手来做做看吧！

by 俞攸洁

作者简介

俞攸洁 老师
日本余暇文化振兴会手缝合格
中华民国技术士女装乙级合格
《巧手易》巧搜主义单元44～47期作品连续刊登
《巧手易》主题同步企划单元46、48期作品票选TOP1
喜佳 高原老师玩布创意大募集比赛 第一名
部落格：Jessica Yu 拼布花园
http://tw.myblog.yahoo.com/jessica-0960554899

材料准备

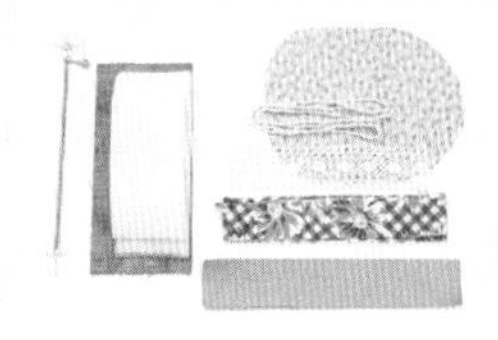

- 表布：15cm×37cm
- 配色布：适量
- 侧边布裁：
  3.5cm×20cm×2片(已含1cm缝份)
  6cm×28cm×1片
  3cm×3cm×2片
- 里布：21cm×43cm
- 蛋糕贴布：各色少许
- 斜布条：3cm×90cm
- 铺棉：25cm×37cm
- 拉链：16cm
- 出芽绳：90cm
- 蕾丝：17cm
- 绣线：少许

How to make

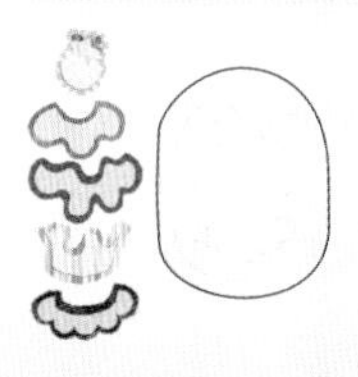

1 冷冻纸依纸型分别剪下，烫在贴布缝用布的正面，如图外加缝份约0.3cm剪下。表布的正面用水消笔画出图案 。

2 将冷冻纸如图放在表布上用珠针固定，蛋糕贴缝顺序由下而上。

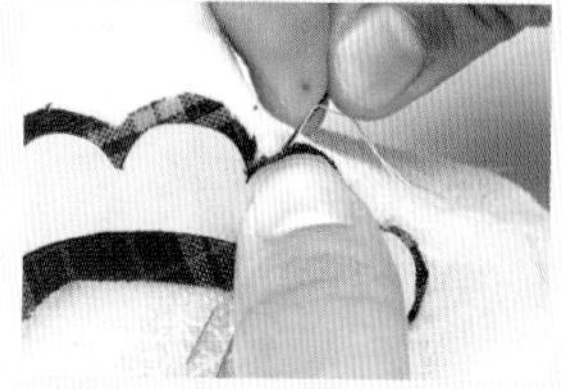

3 如图贴布缝，运用冷冻纸的好处是可以一边贴一边拆开，且能正面取图案而不伤到表布。

4 贴布缝完成后将冷冻纸取下表布反面加铺棉，落针压线且在蛋糕盘上用绣线打上八字豆。

5 (a)取配色布3cm×3cm表、里各两片（正面相对），包缝拉链左、右两端。

配色布翻至正面图

正面图

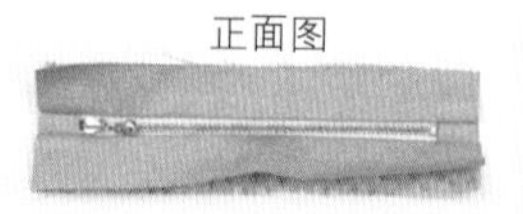

(b)取配色布20cm×3.5cm表、里各两片（正面相对）拉链夹中间，使用单边压布脚车缝上、下两端。

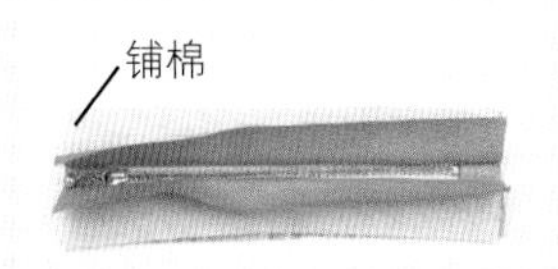

(c)取铺棉20cm×2.5cm两片，夹于拉链表、里之间并疏缝固定。

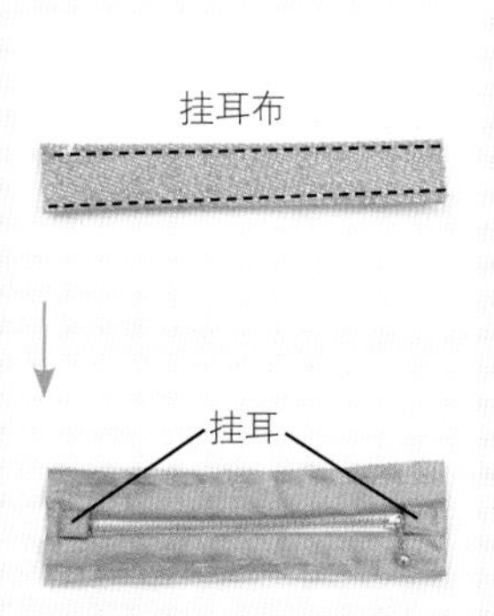

6 取配色布3.5cm×8cm，折3折再车缝上下处，再对折一半成4cm，如图车缝挂耳固定于左、右两端。

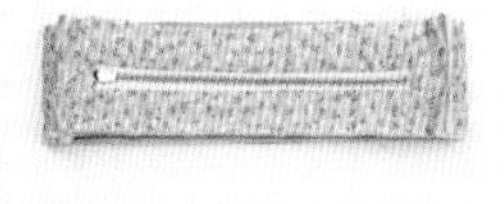

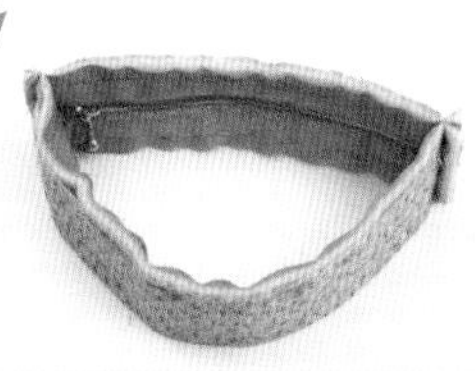

7 取配色布28cm×6cm表布+铺棉+里布，与步骤6正面相对，两侧车缝接合。

8 两侧用宽4cm斜布条包缝两端缝份(正面相对)。

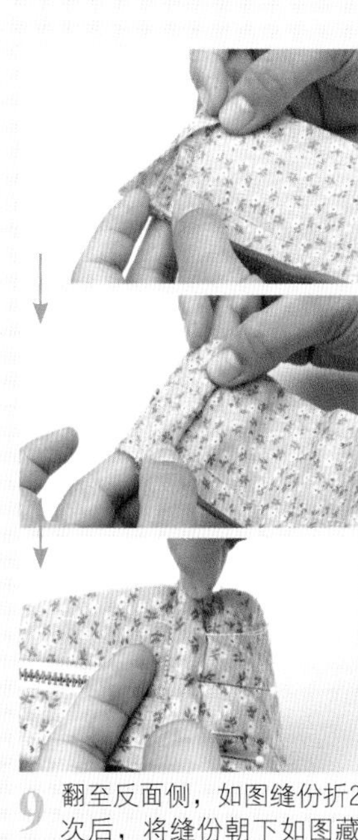

9 翻至反面侧，如图缝份折2次后，将缝份朝下如图藏针缝固定。完成侧边并沿缝份疏缝固定。

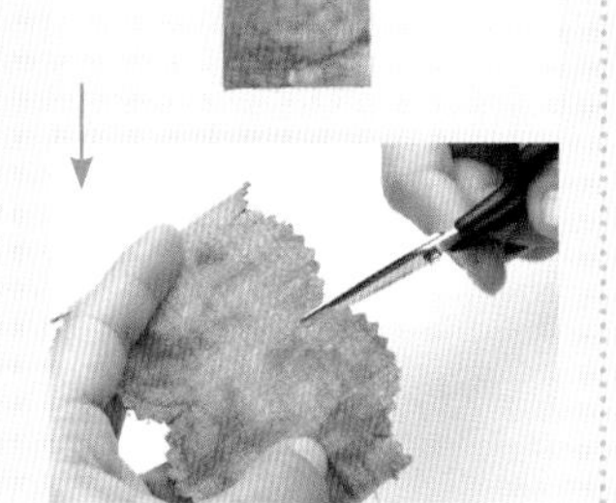

10 花边用布2片(正面相对)，如图车缝花边两侧圆弧并修剪缝份，在凹点剪牙口。

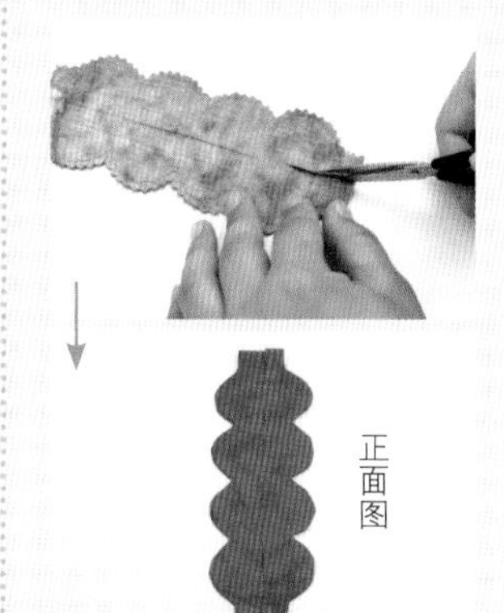

11 再从中心剪开(只剪上片)，翻回正面，弧度处整烫。

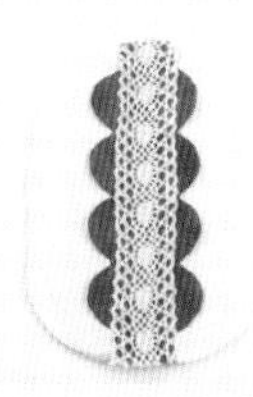

12 步骤11加上蕾丝后，一起车缝固定于后表布上。

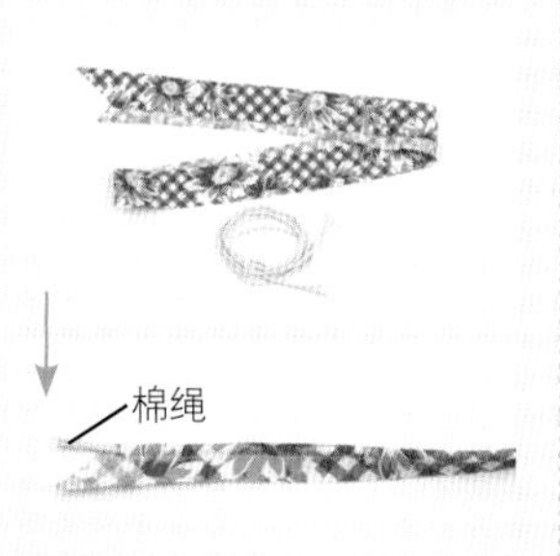

13 制作出芽：裁斜布条将棉绳放在布条中心，对折(布的反面相对)以单边压脚夹车。

14 顺着提包的形状车缝一圈，如图最终处的缝份折约0.5cm再将起缝处的布条包于内侧。

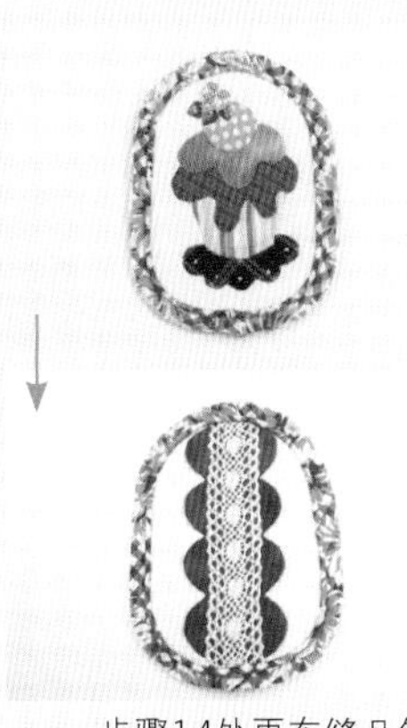

15 步骤14处再车缝几针固定，出芽转弯处剪牙口即完成两片表布。

16 取一表布和侧边接合。

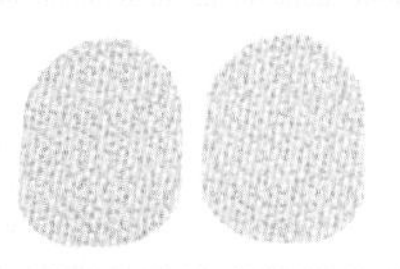

17 裁同表布大小的里布2片。

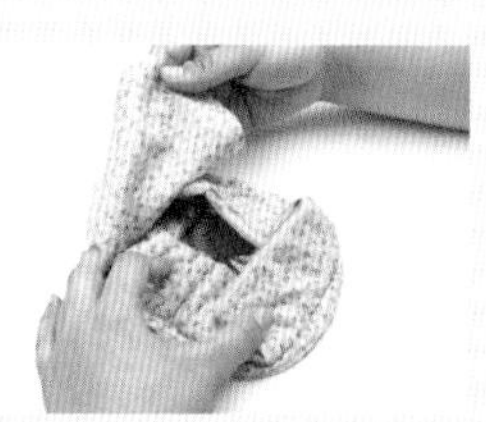

18 如图侧边折扁，再将里布盖上(布的正面朝下)。

19 车缝一圈留返口翻出，再如图将缝份折毛边藏针缝合处理(同样做法接合另一面里布)。
※这样子的做法可使袋型漂亮，做法较简单。

20 完成草莓蛋糕随身包啰！

小编：《巧手易》过九岁生日啰！
大家当初是怎么接触到《巧手易》杂志的呢？

桃园县赖小姐：牛年时看到31期的《巧手易》封面是可爱的牛牛造型包，刚好妹妹和自己的宝宝(当时还在肚子里)属牛，所以做了牛牛的包，后来觉得杂志很不错，就变成忠实读者了。

嘉义市蔡小姐：去朋友家看到，翻了就爱不释手，现在是忠实永久读者。

高雄市洪小姐：开始学机缝时，好友介绍给我的。
How to make的图解说明让我一目了然，容易学习。

台南市陈小姐：在医院住院时借书来看，之后就成为订户了。

台中市管小姐：上网逛博客时看到，发现是台湾第一本中文拼布杂志，对不懂日文的我很有帮助。

新北市许小姐：在拼布教室听到同学讨论《巧手易》，就好奇地跑去买了一本，虽然对我这初学者有点难度，但还是每期必买，作为未来创作的灵感。

高雄市叶小姐：支持MIT！支持为台湾增光的拼布杂志！

嘉义县柯小姐：接触拼布时，在找相关书籍，无意间翻到，觉得内容精彩又附有纸型，价格合理，每次出刊都很期待。

新竹市庄小姐：刚开始学拼布，发现36期的杂志内容，好喜欢！通过书里的资讯也看了许多老师的博客，吸收更多拼布知识，很棒！

台北市罗小姐：逛大卖场的时候，正好开始接触拼布就买了，是对我这个新手帮助很多的实用工具书。

新竹市罗小姐：在学校认识儿子同学的妈妈，她热情地介绍给我，发现内容很好，很适合我，现在是忠实订户喔！

感谢大家的热情支持及温暖祝福，小编们都很感动喔！在拼布教室、网络、图书馆、学校、书店、大卖场……陪伴您做拼布的《巧手易》无所不在！不管在哪里，心中有拼布，处处是拼布。做拼布是一条学无止境的长长道路，希望大家可以跟我们一起，继续一针一线带着梦想“拼”下去吧！

◆下期话题：2013年要来啦!大家都有新年新希望，那您的新年新拼布是什么呢?

《巧手易》Face book粉丝专页热烈上线啰！
最新消息即时发布，请至Facebook首页搜寻巧易，
大家有空就来按个赞吧！

河南科学技术出版社精品图书推荐

更多精彩图书请登录：http://www.hnstp.cn

定价：49.00 元

定价：49.00 元

定价：49.00 元

定价：49.00 元

定价：39.80 元

定价：36.00 元

定价：36.00 元

定价：39.80 元

定价：34.80 元
（赠 DVD 光盘一张）

定价：32.80 元
（赠 DVD 光盘一张）

定价：32.80 元
（赠 DVD 光盘一张）

定价：32.80 元
（赠 DVD 光盘一张）

著作权合同登记号：图字16—2012—084

图书在版编目(CIP)数据

拼布人的针线故事/首翊股份有限公司编著.—郑州:河南科学技术出版社，2013.2
(巧手易；52)
ISBN 978-7-5349-5710-9

Ⅰ.①巧… Ⅱ.①首… Ⅲ.①布料-手工艺品-制作-图集 Ⅳ.①TS973.5

中国版本图书馆CIP数据核字(2013)第008765号

出版发行：河南科学技术出版社
地址：郑州市经五路66号 邮编：450002
电话：(0371)65737028 65788613
网址：www.hnstp.cn
策划编辑：刘 欣
责任编辑：梁莹莹
责任校对：柯 姣
印 刷：北京盛通印刷股份有限公司
经 销：全国新华书店
幅面尺寸：214 mm×285 mm 印张：6.5 字数：250千字
版 次：2013年2月第1版 2013年2月第1次印刷
定 价：38.00元

如发现印、装质量问题，影响阅读，请与出版社联系。